本书由长沙理工大学出版资助项目、国家社科基金青年项目（11CGL036）、教育部人文社会科学研究一般项目（11YJA790108）、湖南省哲学社会科学基金委托项目（2010JD20）共同资助出版。

经济管理学术文库·经济类

消费者响应企业环境责任行为的机理研究

Study on the Mechanism of Consumer Response on Corporate
Environmental Responsibility Behavior

李祝平／著

U0338459

经济管理出版社
ECONOMY & MANAGEMENT PUBLISHING HOUSE

图书在版编目（CIP）数据

消费者响应企业环境责任行为的机理研究/李祝平著 . —北京：经济管理出版社，2016.2

ISBN 978 - 7 - 5096 - 4250 - 4

Ⅰ.①消⋯　Ⅱ.①李⋯　Ⅲ.①消费者—关系—企业环境管理—企业责任—研究—中国　Ⅳ.①X322.2

中国版本图书馆 CIP 数据核字（2016）第 027104 号

组稿编辑：张　艳
责任编辑：任爱清
责任印制：黄章平
责任校对：雨　千

出版发行：经济管理出版社
　　　　　（北京市海淀区北蜂窝 8 号中雅大厦 A 座 11 层　100038）
网　　　址：www. E - mp. com. cn
电　　　话：(010) 51915602
印　　　刷：北京九州迅驰传媒文化有限公司
经　　　销：新华书店
开　　　本：720mm×1000mm/16
印　　　张：14.75
字　　　数：210 千字
版　　　次：2016 年 2 月第 1 版　2016 年 2 月第 1 次印刷
书　　　号：ISBN 978 - 7 - 5096 - 4250 - 4
定　　　价：48.00 元

前　言

随着我国经济的高速发展，环境污染和破坏问题日益严重，积极推进可持续发展的生产、消费方式已刻不容缓。如何促使企业和消费者这两大环境保护的行为主体在经营和消费活动中形成良性互动，共同承担起环境保护的责任，逐渐引起人们的重视。本书着重探寻消费者对企业环境责任行为的认知与响应的心理机制，促进企业将环境责任与营销战略进行整合，具有针对性地开展环境责任活动，从而获得消费者的认可，为促进人与自然的协调发展提供现实的指导和帮助。

本书通过对国内外学者相关研究的回顾和梳理，明确了所涉及核心概念的内涵与外延以及相关理论基础，发现现有企业环境责任对消费者影响的研究主要从两个方面展开：一是在企业社会责任研究中提及企业的环境责任对消费者的响应、支持、购买意愿的影响，一般未细化到具体的企业环境责任行为对消费者的影响。二是多数研究以消费者内心的感知为起点，较少考虑企业承担环境责任的外部条件以及在企业环境责任行为的外部刺激之下，消费者亲环境行为和绿色购买行为的变化。为此，本书综合运用营销学、社会学、心理学的基本理论和方法，结合中国消费者的实际情况，采用深度访谈、问卷调查和实验研究等方法，就以下五项内容进行了定性和实证研究：

第一，运用质性研究的方法考察哪些企业环境责任行为能够被消费者识别和认知，它们为什么会被或不被消费者认知与响应，以及消费者认知和响应企业环境责任行为的影响因素。通过与典型消费者的深度访谈，归纳与识别出10种能被消费者感知的企业环境责任行为，并通过开放式编码、主轴编码，在计划行为、"知信行"等理论的基础上进行选择性编码，推导出消费者对企业环境责任行为认知与响应的作用机理模型。研究还发现企业环境责任行为对中国消费者来说并不是购买决策参考的主要因素，消费者会以一种更简单的方式认知企业环境责任行为。

第二，辨析消费者会以何种方式简单、快速地认知企业环境责任行为。采用多维尺度分析方法将十种企业环境责任行为简化为两大维度，一是主动与被动的企业环境责任行为；二是与生产经营直接相关和与生产经营间接相关的企业环境责任行为。并用语义差异量表对这两大维度分类的正确性进行验证。通过对比验证，两大维度分类的图形基本重合，假设得到验证。

第三，消费者对不同的企业环境责任行为的响应研究。设计不同的实验情境，选取五组消费者进行对比实验，运用分层多元回归分析等方法对构建的概念模型进行检验，确定各变量之间的关系和作用机理。经研究发现，消费者对企业环境责任的判断主要依据企业行为动机，既是主动预防性的企业环境责任行为还是被动补救性的企业环境责任行为；企业是否采取主动预防性的环境责任行为是影响消费者对企业能力信任的关键因素，主动预防性的环境责任行为对消费者购买意愿的影响显著高于被动补救性环境责任行为，而是否与生产经营直接相关的企业环境责任行为对消费者购买意愿的影响差异并不显著。

第四，消费者个人特质对响应企业环境责任行为的调节作用研究。以质性研究结果及计划行为等理论为基础，采用现有企业已实施过的环境责任行为作为实验刺激物，分别研究消费者的环境问题认知、环境知识、环境感知效力和规范感知在企业环境责任行为的刺激下对消费者响应的调节效果，研究结果表明：这些个人特质中环境问题认知和规范感知对消费者的最终购买意愿有显著的调节作用，且环境问题认知的调节作用要高于规范感知；而环境知识和环境感知效力以及人口统计变量的调节作用不显著。

第五，消费者响应企业环境责任行为的例证研究。以消费者对旅游饭店所采取具体的环境责任行为为例，研究消费者对绿色饭店的知晓程度，以及消费者对饭店所采取的环保措施的认知程度和消费意愿，并分析了消费者对绿色饭店的认知和态度与消费意愿的相关程度，及消费者个人特征对饭店绿色措施认知和推行环保措施态度的影响程度。

最后，在总结研究结果的基础上，提出指导企业履行环境责任的管理启示以及本书的局限性和未来研究方向。

PREFACE

With the rapid economic development in China, environmental pollution and destruction problems become increasingly serious, and it is urgent to actively impel sustainable production and consumption. How to urge the enterprises and consumers as two actors to form benign interaction in business and consumption, and how to share responsibility for environmental protection have gradually attracted people's attention. This study explores the psychological mechanisms of response and cognition for consumer to corporate environmental responsibility, to promote the integration of environmental responsibility and corporate marketing strategy, it will help enterprises carry out targeted environmental responsibility activities, access to consumer recognition and promote relationship between human and nature to maintain balance and coordination to provide practical guidance and help.

The study reviewed and combined the domestic and international literature of current research, which definite the the core concepts of connotation and denotation in this thesis, and related theoretical basis. It finds that the current study of the impact on consumers by corporate environmental responsibility is mainly from two aspects. First, the consumer response, support and purchase willingness arising from the corporate environmental responsibility have been touched up in research of the corporate social responsibility involves, but it has not refined the impact of the behavior of specific corporate environmental responsibility on consumers. Second, the majority of study started from in consumer internal perception, it less considered the changes of consumer pre – environmental behavior and green purchase behavior under the external stimuli by corporate environmental responsibility behavior. So the research integrated the basic theories and methods of marketing, sociology, and psychology, then combined the actual situation of Chinese consumers, used in – depth interviews, questionnaires and experimental research methods to qualitative and empirical study the following five elements.

First, qualitative research methods have been used to understand the behavior of corporate environmental responsibility which can be identified and consumer awareness, why these will be or not be awared and responsed by consumers, and influencing factors of consumer awareness and behavior in response to corporate environmental responsibility have been surveyed. Through depth interviews with typical consumers, it induced and identifies dozens of corporate environmental responsibility behavior that can be perceived by consumers, and through open coding, axial coding, on the basis of the theory of planned behavior, "KAP" theory, a selective coding has been arranged, a mechanism model for corporate environmental responsibility consumer perception and behavior responses have been deduced. The study also finds that corporate environmental responsibility are not the main factor in buying decision making for Chinese consumers, they will be in a more simple way to cognite corporate environmental responsibility.

Second, the study analyzes the way in which consumers may easily and quickly conceive corporate environmental responsibility behavior. Using multidimensional scaling analysis method, it simplifies ten corporate environmental responsibilities behavior into two dimensions, one is active – passive behavior of corporate environmental responsibility, and the other is directly related to the production and operation or indirectly related to the production and operation. After that using semantic differential scales to verify the correctness between these two dimensions of the classification. By comparing the two graphics, the result is coincided, which verified the two dimensions are validated.

Third, the study explores the response of consumers to the different behavior of corporate environmental responsibility. It designs different experiment scenarios, selects five groups of consumers to compare experiments, applies hierarchical multiple regression analysis and other methods to test the conceptual model constructed to determine the relationship and mechanism between variables. The study finds that consumers' judgement on corporate environmental responsibility is based primarily on corporate behavior motivation; corporate environmental responsibility is both proactive behavior and passive remedial of the behavior of corporate environmental responsibility; whether or not to take proactive behavior of corporate environmental responsibility is a key factor affecting the ability of consumer to the enterprise confidence, the proactive behavior of environmental liability on consumer purchase intention is significantly higher than the passive behavior remedial environmental responsibility, whether or not the corporate environmental responsibility behavior is directly related to the production and operation has not significantly different impact on consumer purchase intention.

Fourth, the study examines the consumers' personal trait response corporate environmental responsibility in the regulation of behavior. In qualitative research findings and theory of planned behavior as the basis, environmental liability behavior has been implemented through the use of existing enterprises as experimental stimuli. We study the regulating effect of environmental threat awareness, environmental knowledge, environmental perceived effectiveness, and norm perception, which stimulated by corporate environmental responsibility on consumer behavior responses. The results show that these personal trait of the awareness of environmental threat and norm perception play a final significant regulatory role on consumers' purchase willingness, the regulatory role of environmental threat awareness is more significant than norm perception; Environmental knowledge, environmental perceived effectiveness and demographic variables can not significant regulate the consumers' response on corporate environmental responsibility.

Fifth, a case has been used to study how consumers response to corporate environmental responsibility. The consumers of tourist hotels have been used as an example to study the awareness of consumers on the green hotel, as well as consumers of the hotel to take their own cognition of environmental protection measures and consumers' willingness. and to analyze the relation between consumers' awareness and consumption intention to green hotel, at the same time, analyze the degree of awareness and attitudes about the hotel's environmental measures, which impacted by consumers' individual characteristics.

Finally, based on the summary of findings, management implications have been revelated to guide enterprises to fulfill environmental responsibility, as well as the limitations of this study and future research directions have been proposed.

目　录

第一章 绪 论

一、研究背景和意义

（一）研究背景

2013 年初，由亚洲开发银行、清华大学主办，并由国家发展与改革委员会、环境保护部、财政部等政府官员、专家学者参与的跨国研讨会上，与会者们专门针对中国的环境问题进行了探讨。该研讨会发布了中文版报告——《迈向环境可持续的未来：中华人民共和国国家环境分析》，该报告提到，虽然中国政府一直积极、努力地运用财政和行政等各种手段治理大气污染问题，但世界上污染最严重的十个城市之中，有七个在中国；同时，亚洲开发银行和清华大学发布的《中华人民共和国国家环境分析》报告指出，在中国五百个大型城市中，只有不到1%的城市，达到世界卫生组织空气质量标准①。自从 20 世纪 90 年代以来，中国经济每年以 7% ~9% 的速度持续增长。随着经

---

① 梁嘉琳. 环保部急令地方控污染减排放［N］. 经济参考报，2013 – 01 – 15.

济的高速增长，城市化进程加快，各种资源的开发和消耗也在快速增加，也因此给生态环境带来了巨大的影响。发达国家在上百年工业化过程中遇到的环境问题，中国在短短二十几年时间里就快速发生了。这种不考虑资源、环境整体的容量，片面地追求经济效益、增长数量，轻视环境效益和增长质量的经济增长方式已经走到了尽头。因此，积极推进可持续发展的生产、消费方式已刻不容缓。

为此，国家相关部门出台多项政策文件，促使企业履行环境责任。例如，国家国资委 2008 年 1 号文件明确要求，有条件的企业要定期发布社会责任报告或可持续发展报告；2008 年 1 月出台了《关于中央企业履行社会责任的指导意见》；2008 年 2 月发布了《中国企业社会责任标准原则》；2008 年 5 月，上海证券交易所也颁布了《上海证券交易所上市公司环境信息披露指引》。2010 年 4 月 15 日，财政部、证监会、审计署、银监会、保监会联合下发《企业内部控制应用指引第 4 号——社会责任》。2014 年 4 月 24 日第十二届全国人民代表大会常务委员会第八次会议修订的《中华人民共和国环境保护法》，在 2015 年 1 月 1 日正式实施，新环保法在 1989 年颁布的旧法的基础上增加了二十三条，在突出强调政府监督管理责任、强调公众监督、完善监测制度、确立环境基准、实施总量控制、推动农村治理等方面对旧法进行了全面的补充和修订，其中，在对违规排污企业的处罚方面，首次加入了"按日计罚"的规定。这些法律制度的出台促使企业必须履行环境责任。

国际市场的"绿色壁垒"也倒逼中国企业在参与竞争时，必须要承担环境责任。2005 年 8 月，因欧盟"绿色指令"的颁布，而对中国电器产品出口产生直接影响的额度达到 317 亿美元，占中国向欧盟机电产品出口总值的71%，中国家电产品的出口价格因此至少上涨了 10%；而欧盟 2007 年 8 月颁布的"能耗产品环保设计指令"对中国家电行业造成不低于 500 亿元人民币的影响。同年，日本根据"肯定列表制度"，针对中国出口农产品中有害化学成分超标现象多次公布了强化抽样检查的通知，受该"肯定列表制度"影响较大的水产品、蔬菜等，不仅在出口数量上有所下降，而且在价格上也呈现不同程度的下滑。与此相应的后果是，日本在整个中国出口市场中的份额由原来的 1/3 缩减为目前的 1/4 左右①。

因此，从国家、政府、国际市场及企业自身的角度看，企业积极履行环境责任已经成为一种必然趋势。

然而，综合 2005～2008 年中国环境文化促进会编制的《中国公众环保指数》，以及 2010 年零点研究咨询集团与新浪网络联合调查的《中国公众环保指数》来看，国内消费者积极参与环境责任活动的情况并不乐观。

从"民生指数"看，受访者文化程度越低、收入水平越低，越关注那些诸如垃圾处理这样的与日常生活相关度高的微观环境问题；受访者文化程度越高、收入水平越高，关注的环境问题越有深度，层面越广。而年轻群体接触的媒体渠道比年老群体明显要广，因此，关注的环境问题更广泛，对诸如可持续发展、自然保护区等正面的环境问题的关注程度明显高于年老群体。目前，中国公众的环境意识和环境知识水平虽有一定程度的提升，但环保行为参与性差，绝大多数公众遇到具体的环境问题根本不知道应该如何参与。

2010 年的调查还显示：中国公众的环保意识与行动，目前还处于个人体验初期阶段，并且呈现出两大内生性矛盾：①环境保护意识与环境保护行动的矛盾，有 73.2% 的公众在环境保护和经济发展中会优先选择环境保护，选择环境保护具有压倒性优势，另外有 86.8% 的公众认为中国的环境保护已经非常紧迫，但是公众在具体环境保护事项上，表现却不一，公众在家庭生活层面表现出较高的环保意识，例如节约水电、生活垃圾分类处理等，分别有 53.7% 和 59.6% 认为这就是环保行为，而在社会参与和办公场所层面的环境

---

① 唐忠辉，匡友青. 企业如何在国际化经营中承担环境责任？［J］. 环境经济，2010（8）：23 - 30.

保护意识相对较低；进一步落实到行为层面，20项环保行为有一半采取率低于30%，尤其在社会参与方面，环境保护的行动力明显较弱。②政府环境保护力弱与公众对政府依赖性强的矛盾，72.3%的公众认为环保问题的责任应该由政府来承担，而对中国目前的环保状况，仅有39.4%表示满意，尤其是学生（23.8%）和18～25岁的青年（32.8%）。尽管如此，公众对政府环保工作表示认可的仍有54.6%。公众表现出的这种认识矛盾，体现出中国公众对政府的依赖性，而这种依赖性不因政府的环境保护力度的强弱而改变。①

此外，根据2007年中国环境意识项目办公布的《全国公众环境意识调查》显示：首先，公众的环境保护价值取向较高，对环境保护的必要性、重要性、紧迫感、责任感都有着较高的意识；其次，公众对目前环保工作和环保状况的满意度一般；而公众对环境保护行为、环境问题的认知、环境污染的严重性的评价较低。这说明公众在环境污染的问题上，没有将自己置身于环保的主动执行者角度来认识环保问题，而更多地将自己置身于环境污染事件的受害者角度来认识环保问题。因此，当本地区未发生大的环境污染事件时，公众对于环境污染的严重性认识不足，主动维护环境保护的行为也较低②。人们采取的环保行为的目的主要为降低生活支出或有益自身健康，而较少采用可能降低生活便利性和增加支出的环保行为。

总而言之，大多数调查的一个普遍结论是，中国消费者有一定的环境保护意识，但重视程度不够，重直接生活环境、轻生态环境，环境知识水平总体偏低，且知行不一，说多做少，呈严重的"政府依赖"和"自我保护"特征。中国环保工作迫在眉睫，但如何调动环境保护工作的两大行为主体——企业与消费者的积极性，使这两大主体能在良性互动中共同承担起环境保护的责任，有待深入研究。

---

① http://green.sina.com.cn/2010-10-12/144521259694.shtml.
② 中国环境意识项目办，2007年全国公众环境意识调查报告，2008年4月。

但是，按照科斯的说法，企业作为价格机制的替代物，它的本质就是降低交易成本。所以，对利润的追求是每个企业的主要使命。既然获取利润是企业生存的首要条件，而企业承担环境责任需要付出成本，如果不能获得消费者的"货币选票"，仅仅靠制度和道德驱动企业主动地承担环境责任是远远不够的。只有让企业能从履行环境责任中获得利益，或是避免损失，才能真正促使企业积极地开展环境责任活动。

根据 Hart（1995）的资源基础理论（RBV），一些公司之所以能够建立可持续的竞争优势，是因为他们从环境责任活动中创造了某种资源或能力。当企业利用其资源优势，应对环境机遇，消除自身弱点，便获得了竞争优势。该理论为人们将企业环境责任作为一种可识别、可管理的战略资源提供了理论基础。Florida 和 Davison（2001）发现，企业采用环境管理体系能够为他们的经营活动提供更多准确的信息，从而减少环境风险。King 和 Lenox（2002）的研究也表明，投入资源，减少负面生态后果的业务往往提供意想不到的创新补偿。因此，市场压力促使企业在加强成本竞争力的同时，也在采用一些环境管理措施，这样既可以和竞争对手相区别，也可以实现效率的提升（Delmas，2002）。

因此，对于大多数企业来说，高度重视企业环境责任，不再被认为是一种非生产性成本或者资源损失，而是一种提高声誉和信任度的有效手段（Pollution Probe，2005）。但在实际操作中，很多企业又急需了解：消费者的"货币选票"能否因企业的环境责任行为投给对环境负责任的企业？怎样的环境责任行为才能得到消费者的理解、支持与响应？在企业环境责任行为向消费者环境责任行为传递的过程中，关键的影响因素有哪些？企业只有了解这些事实，才能在开展企业环境责任的活动中更有主动性，并能更有针对性地制定和实施经营管理战略与策略。

（二）研究意义

研究中国消费者对企业环境责任行为的认知与响应，可以引导企业采取更有效的环保措施，承担环境责任，向可持续发展经营方向转变，有很强的理论和现实意义。

（1）理论意义在于：企业环境责任的理论研究与中国当前的企业环境责任的实践之间存在较大差距。中国正处于社会主义市场经济的转型期，经济发展和环境面临前所未有的压力，在坚持可持续发展与建设"两型"社会的过程中，迫切需要加强企业环境责任的理论研究。而目前，国内外有关研究仍集中于探讨消费者是如何驱动企业环境行为的（McDonald 和 Oates，2006；Sandhu 等，2010）。相反，企业积极的环境行为如何影响消费者，或者说消费者如何认知与响应企业积极的环境行为，这方面的研究却很少，几乎仍然是一个"黑箱"。因此，探讨消费者对企业环境责任行为反应的内在心理机制，对促进企业环境责任与营销战略的调整完善具有一定的理论意义。

现有企业责任的相关研究主要集中于社会责任的研究，而涉及环境问题的也大多从企业生产或法律的某个角度偶尔进行探讨，对于企业的环境责任行为如何影响消费者的感知、购买和使用，国内学者还缺乏足够有效的研究。相比来说，国外学者对此研究较早，研究成果较多。但是，由于社会经济和文化上的差异，各国消费者的消费倾向也有所不同，因此，照搬国外相关研究结论显然是不行的。本书基于中国文化和环境实情，深入和系统地分析消费者对企业环境责任行为响应的形成机理和条件，既是对消费者行为理论的一种完善和突破，也是对循环经济理论、消费伦理学企业社会责任研究领域的一个拓展。

（2）现实意义在于：通过对企业环境责任的研究与探讨，有利于推进中国企业环境责任的形成与发展。

研究消费者对企业环境责任行为的认知与响应，有助于企业正确地选择企业环境责任战略，正确地与消费者及其他利益相关者进行沟通，满足他们的期望，使消费者主动参与企业环境责任活动中去，为企业长期生存和发展创造良好的外部环境，获得利益相关者的支持与回报。

企业如果将环境问题关注、环境管理、环境保护纳入日常的经营决策之中，寻求社会、经济可持续发展与企业自身发展的目标一致性，那么，应该选择怎样的企业环境责任战略？如何与消费者进行沟通？消费者对企业研究责任行为认知与响应的内部心理机制如何？企业如何促使消费者主动参与企业环境责任活动？哪些因素会影响消费者的参与行为，其外部和内部原因是什么？本书希望寻求这些问题的答案，从而为企业正确地开展环境责任活动，获得消费者的认可，并促进人与自然的关系，为保持平衡和协调提供现实的指导和帮助。

二、研究的目标、内容和结构安排

（一）研究目标

本书拟完成下列目标：

（1）了解中国消费者对企业环境责任行为的认知状况和响应程度，以及中国消费者对企业环境责任行为的响应特征；

（2）企业环境责任行为与消费者响应之间的关联性；

（3）运用计划行为理论解释消费者对企业环境责任行为的响应路径和机理。

（二）研究内容

本书研究的主要内容有以下六个方面：

（1）企业环境责任行为、消费者认知与响应的研究基础。通过文献综述对企业环境责任行为、消费者认知与响应研究脉络和理论基础进行梳理，为正式研究量表的开发和针对性政策的制定提供基础。

（2）企业环境责任行为是什么。在前人的研究基础上，归纳并发展企业环境责任行为的内涵与外延，并运用质性研究的方法挖掘基于消费者视角的企业环境责任行为分类。

（3）消费者如何认知企业环境责任行为。通过对典型消费者的深度访谈，了解中国消费者认知企业环境责任行为的类型，再用多维尺度法归纳消费者对企业环境责任行为的认知反应维度，并通过语义差异量表对该分类进行验证。

（4）消费者为什么响应、如何响应企业环境责任行为。在文献、访谈和调查的基础上，建立响应模型，找出企业行为到改变消费者行为相应的中介变量、调节变量和路径，揭示两个市场主体行为之间的互动关系及影响两者目标实现的关键变量，从而找到影响两者积极行为产生的瓶颈及解决问题的办法。

（5）消费者对不同类型的企业环境责任行为的响应差异。在对企业环境责任行为降维的基础上，分析消费者响应四类企业环境责任行为的程度，找出影响消费者积极认知与响应企业环境责任行为的最关键因素。

（6）以消费者对旅游饭店所采取具体的环境责任为例，研究消费者对绿色饭店的知晓程度，以及消费者对饭店所采取需要自己配合的环保措施的认知程度和消费意愿，并分析消费者对绿色饭店的认知和态度与消费意愿的相关程度，及消费者个人特征对饭店绿色措施认知和推行环保措施态度的影响程度。

（三）研究思路

本书从企业视角出发，探讨消费者如何认知与响应企业环境责任行为的条件、特征及影响因素等问题。研究内容在各章之间体现的逻辑关系（如图1-1所示）。

（四）结构安排

本书的结构安排如下：

第一章　绪论。主要为围绕研究主题展开研究奠定基础。首先阐述论文的选题背景、研究意义、研究目的与内容、论文的创新之处、研究方法和技术路线等。

第二章　文献综述。主要通过回顾和梳理国内外学者的相关研究，明确本书核心概念的内涵和外延，以及现有理论研究基础和不足，为后续理论模型构建提供文献基础和理论支撑。

第三章　消费者对企业环境责任行为的认知类型与影响因素。采用质性研究方法，通过对典型消费者的深度访谈，归纳出消费者心目中的企业环境责任行为类型，并识别与发掘消费者对企业环境责任行为做出反应的关键影响因素。

第四章　消费者对企业环境责任行为的认知维度研究。用多维尺度分析方法刻画消费者对企业环境责任行为的认知图式，并用语义差异量表分析法验证消费者对企业环境责任行为的认知维度，为假设模型自变量的测量提供依据。

第五章　不同类型企业环境责任行为对消费者响应的影响。首先，基于现有学者的研究成果，构建概念模型，提出研究假设。其次，为下一步研究模型的验证设计研究方法与步骤，并设计不同的实验情境，以及相应变量测

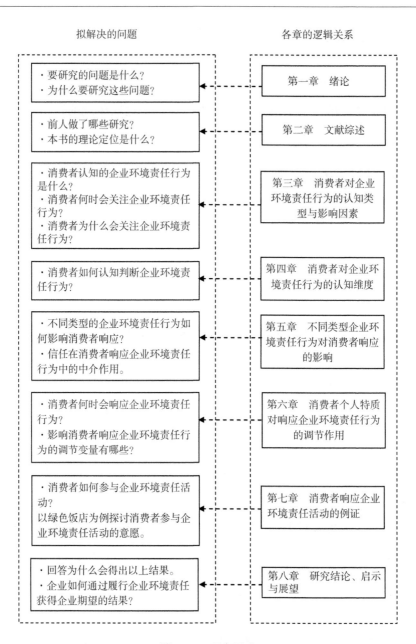

图1-1 研究思路

量量表、数据收集样本的选择、问卷的发放与回收和数据分析的方法。最后，主要采用五组消费者的对比实验，在对问卷信度和效度检验的基础上，根据消费者在不同情境下的响应机理，以及信任在消费者响应企业环境责任行为之间的中介作用。

第六章　消费者个人特质对响应企业环境责任行为的调节作用。运用分层多元回归分析等方法对第三章构建的理论模型进行检验，确定各变量之间的关系和作用机制。

第七章　消费者响应企业环境责任活动的例证。以消费者对旅游饭店所采取具体的环境责任为例，研究消费者对绿色饭店的知晓程度，以及消费者对饭店所采取需要自己配合的环保措施的认知程度和消费意愿，并分析消费者对旅游饭店的认知和态度与消费意愿的相关程度，及消费者个人特征对饭店绿色措施认知和推行环保措施态度的影响程度。

第八章　研究结论、启示与展望。对前面章节得出的研究结果进行总结和深入的讨论，然后提出相应的实践企业环境责任的管理启示，最后阐述本书的局限与不足，并指出未来将要研究的方向。

三、研究方法和技术路线

(一) 研究方法

本书将采用规范研究与实证研究相结合的方法来探讨上述内容。规范研究提出理论假设，实证研究则是验证理论假设真伪，两者紧密结合，构成一项较完整的科学研究。本书具体使用的方法有：

（1）二手资料查阅与文献综述。本书理论模型的构建，建立于文献综述的基础之上。通过广泛搜索和查阅国内外关于企业环境责任、消费者对企业责任响应的文献，了解企业在企业环境责任实践方面的现状和新进展，总结凝练理论研究与实践应用中可能存在的问题，寻找研究的立足点和创新点。

（2）质性研究。通过质性研究的方法对小样本进行访谈，用开放的方式收集数据，了解被访典型样本他们对企业环境责任行为的真实态度及动因，透过零散的陈述归纳出消费者对企业环境责任行为的认知类型和认知缘由。访谈的内容分析结果有助于更好地进行问卷设计。

（3）问卷调查。在相关文献和资料查阅以及焦点小组访谈的基础上，采用多维尺度分析方法刻画消费者对企业环境责任行为的认知图式，并用语义差异量表分析法验证消费者对企业环境责任行为的认知维度，得到初始化的概念模型。然后，在规范研究的基础上，采用七级 Likert 量表编制问卷。为保证问卷的信效度，在大规模测试前，进行了小规模的预测试，并对测量问卷进一步做了修订和完善。

（4）实证分析。主要采用实验法与自我报告法相结合的方法。通过实验设计操纵和控制消费场景和实验变量，并对所有测量变量进行定义和检验，研究数据以问卷调查的方式获得，运用 SPSS17.0 和 AMOS5.0 统计软件对数据进行统计分析。并采用描述性统计分析、验证性方差分析、单因素方差分析和分步多元回归分析等统计分析方法，验证本书提出的理论架构及相关假设，并对有意义的研究结果进行了讨论和分析。

（二）技术路线

本书所采用的技术路线如图 1 - 2 所示。

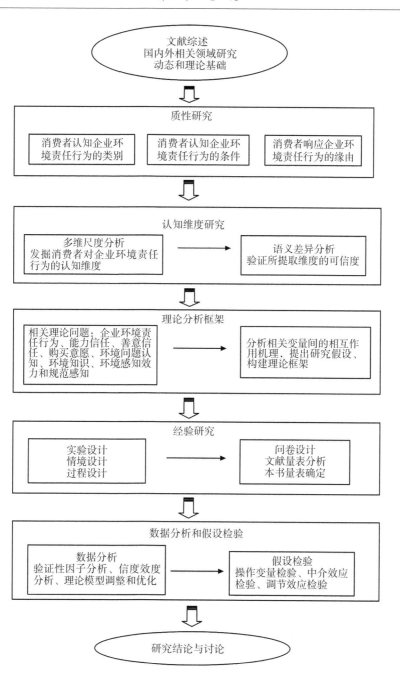

图 1-2 技术路线

第二章　文献综述

一、企业环境责任行为相关概念的提出

与企业环境责任行为相关的概念有许多。这些概念的形成，与人们对经济活动与环境保护关系认识的不断深化，以及各国学者对相关研究不断深入有密切关系。

（一）企业社会责任

比企业环境责任概念出现得更早的概念是企业社会责任。目前研究企业社会责任（Corporate Social Responsibility，CSR）的文献有很多。对于企业社会责任的概念与界定有狭义和广义之分。

较早 McGuire（1963）、Steiner（1972）、Davis（1975）等学者给企业社会责任下的定义指企业为超越经济和法律目标之外的社会问题所承担的责任。Brummer（1991）认为企业对股东所承担的经济责任、对强制性的法律条款所承担的法律责任以及对非强制性的社会道德准则所承担的道德责任都只是企业必须承担的责任之一，但这些都不属于企业社会责任的范畴。企业社

责任是指企业对政治、社会福利、公共教育等社会公益问题的关注及其所做出的努力。McWilliams 和 Siegel（2001）更明确的将企业社会责任定义为：企业超出经济利益和法律约束的层面，主动致力于有利于社会公共利益的行为。这类狭义的界定把企业所承担的经济责任和法律责任排除在外，把企业在伦理和慈善层面所表现出的主动行为看作真正意义上的企业社会责任。至今，以这类狭义的概念为基础开展的理论和实证研究的学者仍有不少（Mohr 和 Webb，2005；Siegel 和 Vitaliano，2007；Turker，2009）。

但从 20 世纪 70 年代开始，对企业社会责任的界定和理解开始出现不同的声音，各种不同视角的概念模型和理论框架纷纷出现。由于这些概念框架大多将企业必须履行的基本责任（例如经济责任和法律责任）和自愿履行的更高层责任（如慈善责任）都纳入到企业社会责任的概念中，因此可将 70 年代之后提出的包容度较强的概念统称为广义的企业社会责任。其中最具代表性的概念框架是 Carroll（1979）模型，该模型将企业社会责任分为经济责任、法律责任、伦理责任和自愿责任四个部分。经济责任指企业必须负有生产、盈利及满足消费者需求的责任；法律责任人指企业必须在法律范围内履行其经济责任；伦理责任指企业必须符合社会准则、规范和价值观；自愿责任指企业按规定的价值观和社会期望而采取的额外行动，例如支持社区项目和慈善事业等。现将经济责任和法律责任归于企业的基本责任，将伦理责任和自愿责任视为企业的高级责任。从目前学术界的主流观点认为的企业社会责任是企业在运营过程中对其利益相关者的关注，通过企业感知对其利益相关者的责任和义务，对其利益相关者做出承诺并以切实行动履行承诺（Brown，1997；Sen 和 Bhattacharya，2001）来看，大多数现有企业社会责任的研究，主要还是讨论企业的高级社会责任。

（二）企业环境责任

企业环境责任（Corporate Environmental Responsibility，CER）是由企业

责任和企业社会责任演化而来，通常学者在企业责任和企业社会责任这两个概念的基础上加入环境保护的内容。在有的文献中与企业环境责任类似的概念表述不一，但本质大致相同，例如：企业环境的社会责任（Environmental Corporate Social Responsibility）、企业生态响应（Corporate Ecological Responsiveness）、环境绩效（Environmental Performance）、环境经营（Environmental Business）等。

目前，对此概念比较公认的是，加拿大环境污染调查组织于 2005 年在《企业环境责任的定义的报告》中阐释的企业环境责任的定义。该组织对企业环境责任做出的定义主要有三个方面：①企业承担起环境责任，在经济得以可持续发展时，不会对环境和社会造成负面影响；②利益相关者有效参与，实现企业环境相关信息透明化；③企业有符合生态环境要求的能源及原材料管理体系。此外，加拿大环境污染调查组织还对企业环境责任的构成进行了分析，主要包括环境责任和意识、环境评估与审计、利益相关者的参与等。

为探析企业环境责任的内涵，本书对国内外该概念及类似概念进行了归纳，这些概念大致可分为两大类：一类是义务说；另一类是法律责任。具体如表 2 - 1 所示。

表 2 - 1　企业环境责任代表性定义

观点	代表性作者	基本思想
义务说	Mazurkiewicz（2004）	企业环境责任是一种企业的义务，这种义务涉及企业降低其业务、产品和设施对环境的影响，减少废物和排放，最大限度地提高资源的效率和生产力，以及减少对后代资源的占用
	Lund Thomsen（2004）	企业在获取利润的同时，也要对社会、环境和利益相关者承担责任，而自然环境也是利益相关者之一，因此，如果企业对利益相关者承担社会责任，那么企业对自然环境承担的责任也属于社会责任的一部分
	Graff Zivin（2007）	环境责任主要致力于较少地消耗自然资源，使自然环境较少地承受废弃物，为达到可持续发展而承担的责任

观点	代表性作者	基本思想
义务说	Arab Forum for Environment 和 Development (2007)	企业环境责任是企业社会责任的一部分，是指企业应承担因生产经营带来的环境影响，降低废弃物的排放，增强资源的使用效率，而不仅仅局限在对经济、技术和利润的追求
	Lyon 和 Maxwell (2008)	企业环境责任应是法律上没承担责任的要求，由私人提供公共物品，或自愿内部化外部性的企业的环保行动
	吴真 (2007)	企业环境责任是企业社会责任的组成部分，是指企业在谋求经济利益最大化的同时，应当运用科学技术手段进行科学经营和生产，以履行节约自然资源、保护生态环境、维护环境公共利益的社会责任
	吴椒军 (2007)	环境责任是指企业根据法律明确规定应当承担的环境保护的义务，而且这种义务不应因企业的终止而立即消失
	王云 (2009)	企业的环境责任是指企业在追求自身利益最大化的同时，应在生产经营过程中贯彻以人为本的科学发展观，切实履行实施清洁生产、合理利用资源、减少污染物排放、充分回收利用等义务，并对外承担积极参与自然环境保护与污染治理的责任，最终实现人与自然、经济与社会的和谐发展
法律责任说	张晓君 (2004)	是企业在其生产经营等活动中造成的环境污染所应承担的法律上的不良后果
	白平则 (2004)	企业在谋求自身及股东最大经济利益的同时，还应当履行保护环境的义务，对环境利益负一定的责任。企业的环境法律责任分为：环境刑事责任、环境行政责任和环境民事责任

还有学者从经济学角度定义的企业环境责任为：通过一定经济机制的规范和引导，企业主动或被动地按社会福利最大化标准配置和使用环境资源（贺立龙等，2014）。

不同学科的学者都会用自己学科的观点给出他们自己对于环境责任内涵的理解，有学者将企业环境责任狭义地定义为一种法律责任，而更多的学者却认为企业环境责任是一种主动体现社会善意的义务。

探讨企业环境责任的意义在于解答企业在生产经营实践活动中是否应当

承担环境责任、应当承担怎样的环境责任、所承担的环境责任的范围等问题。而本书从消费者的角度，对企业环境责任加以审视，因此，更偏重于义务说。

综合来看，企业环境责任应是，企业充分考虑其生产与经营活动对资源和环境的影响，把环境保护工作贯穿于企业经营管理的全过程，使环保与企业发展融为一体，对环境的保护、资源的可持续利用尽到责任，从根本上解决企业经营活动对环境造成的损害问题。

该企业环境责任的定义主要包含四个要素：①履行环境责任，要求企业遵循可持续发展的理念，能够积极影响环境和社会；②管理资源和能源，要求企业在资源有限的条件下，合理地利用与支配资源，减少对资源的过度使用，保持生态平衡；③利益相关者积极参与，要求企业在环境管理方面做到透明；④遵守环境法律和法规，企业在开发、利用、保护、改善环境时，必须遵守相关的法律和道德义务。

（三）企业社会责任与企业环境责任的关系

美国学者乔治·恩德勒（2002）将企业的责任分为：经济责任、社会责任和环境责任。据此，企业环境责任和企业社会责任是并列关系。实际上，企业环境责任和企业社会责任既非从属关系，又非并列关系，而是交叉关系。从企业环境责任的产生看，企业社会责任的概念早在20世纪20年代就由美国学者提出，20世纪60年代，随着环境问题的凸显和环境保护意识的增强，企业环境责任才在美国首次被提出，并把企业环境责任看作企业社会责任的一个方面，至今人们一直沿袭这种提法。现在看来，企业环境责任不仅是企业社会责任的一个方面，而且是最重要的方面。企业社会责任主要关注的是现实的利益相关者的生存和发展权利的实现，是体现社会秩序和社会正义的必要手段，而企业环境责任不但关注现实的当代人的利益，还要关注后代人及环境的利益，实现经济、社会与环境的可持续发展。这样一来，企业环境责任的提出完全改变了企业的价值观念和生产方式，使企业在维护人权的基础上还要维护环境的权利，注重环境的价值。所以，企业环境责任与企业社会责任紧密相关，但企业环境责任又有相对独立性。

然而企业环境责任行为与企业社会责任行为在某些地方有重合之处，企业环境责任与企业社会责任对消费者影响的最大不同之处在于：①企业社会责任行为主要通过改善伦理道义道德形象从情感的角度改变人们对企业的认知，而企业环境责任行为主要通过改善生产经营活动从理性和感性的双重角度改变人们对企业的认知；②企业社会责任行为偏重于伦理道德慈善活动，它与产品质量表征的关联度较低，而企业环境责任行为因涉及节能减排、考虑产品对环境产生的影响等问题，使其与产品质量表征的关联度更高，比企业社会责任更具体。

此外，从研究数量上看，中国对企业环境责任的研究与企业社会责任的研究相比明显不足。主要表现在：①对企业环境责任研究起步很晚，1990年中国出版了第一部关于企业社会责任的书，而第一部企业环境责任的专著15年后才出现，也就是高桂林（2005）的《公司的环境责任研究——以可持续发展原则为导向的法律制度建构》，吴椒军（2007）的《论公司的环境责任》，还有王红（2009）的《企业的环境责任研究》一书。当然也有不少与企业环境责任有关的专著，它们只是把企业环境责任问题作为一部分，对企业环境责任的论述不够充分。②对企业环境责任在当代社会的总体呈现和具体表现等问题研究不够，大多数研究或者侧重于从一般学理意义上说明企业环境责任，或者仅限于从某种实践意义上说明企业环境责任的社会价值，缺乏对"企业环境责任"的学理价值与社会实践价值的全面考察。③对企业环境责任在当代社会的实现机制和实现过程等问题研究不够，多数研究侧重于从一般学理意义上演绎和推导企业环境责任的实现条件与实现机制，较少从当代世界新变化和人类实践方式新转型等意义上探讨这一问题。

（四）企业环境责任行为

企业环境责任在具体行动上的表现就是企业环境责任行为。也就说，企业把环境保护融入企业经营管理中，对环境的保护和资源的可持续利用尽到责任，从根本上解决企业经营活动造成的环境损害问题，所采取的各种措施和活动就是企业环境责任行为。

环境责任行为研究最早可以追溯到20世纪70年代早期。在之后30多年的时间内，尽管研究焦点有所不同，但学术界对环境责任行为的研究热情一直未减，这显然与环境问题不断恶化有关。

环境责任行为在大多数的外文文献中表述为Responsible Environmental Behavior，也有的表述为Pre‐environmental Behavior。其中，Hines和Hungerford（1986）的研究较有代表性，他们将"负责任的环境行为"定义为："一种基于责任感和价值观的有意识行为，目的在于能够避免或者解决环境问题。"

而国内学者从不同视角对企业环境责任行为给出了一些定义。例如，陈雯和Soyez（2003）对企业环境行为给出的定义是：企业在面对来自政府、公众、市场的环境压力时，所采取的宏观战略与制度变革，以及内部具体生产调整等措施和手段的总称。李富贵等人（2007）认为环境行为是一个组织对其环境因素的管理结果。张劲松（2008）将企业环境行为定义为企业在生产经营过程中对环境产生不利影响的因素进行控制的过程，以及企业应对政府环境政策和规章的态度。

综合来看，企业环境行为是指企业的生产经营活动应提高材料利用效率，对可再生资源进行综合利用，采取促进资源节约的行为；也指企业的生产经营活动应是最小污染的生产经营活动，包括环境治理的投资、清洁生产的实施、有毒有害物质的无害化处置和节能减排等环境友好类行为；还指的是企业的生产经营活动中兼顾经济与环境资源效果的复合行为。

（五）企业环境责任行为的构成

对于环境行为的构成，研究的视角不同，其内容也有很大的差异。例如，Hines 和 Hungerford（1986）将环境责任行为分为五种类型：①说服（通过言辞说服人们采取环境保护行为）；②财务行动（利用经济手段保护环境的行为）；③生态管理（为维护或改善现有生态系统所采取的实际行动）；④法律行动（为加强环境立法和环境法律的执行所采取的法律行为）；⑤政治行动（通过政治手段促使政府部门采取行动，解决环境问题）。该分类涵盖了公众、企业和政府三者的环境责任行为，而对于企业来讲，能做的更多的是前三种。

而 Stern（2000）则从行为的影响导向（impact – oriented）出发，将环境责任行为分成四种类型：①激进环境行为（例如参与示威活动等）；②公共领域的非激进行为（表现为积极的环保公民行为，支持或接受公共政策等）；③私人领域的环保行为（包括重视使用与维护影响环境的用品，分类回收废物，绿色消费等）；④其他具有环境意义的行为（例如设计可以在制造过程中减少资源消耗和污染的产品等）。

上述几位学者对环境责任行为的分类比较典型，但实施主体不明确。

如果将企业作为环境责任的实施主体，那么企业所承担的环境责任应当涉及哪些具体内容呢？环境责任经济联盟（Coalition for Environmentally Responsible Economics，CERES）制定的十项原则提供了比较系统的框架。

CERES 是 1989 年 3 月艾克森石油公司漏油事件发生之后，为促使企业界采用更环保、更新颖的技术与管理方式，使企业尽到对环境的责任。这十项原则是：①保护生物圈，企业应尽量减少对环境、水、土地和居民的危害，保护海洋、海岸地区、湖泊和沼泽地等动物栖息地，且使温室效应、臭氧层损耗、酸雨或者烟雾减到最少。②可持续利用自然资源，企业应可持续性地利用可再生的自然资源，如水、土壤和森林；企业也需通过谨慎地计划和有效率地使用来保护不可再生的自然资源。③减量与处置废弃物，企业应该尽可能减少废弃物的产生，尤其是危险的废弃物，尽可能使材料循环利用；企业应当通过安全和负责的方法处理所有的废弃物。④节约能源，企业应改善能源效能，并使其生产的产品或服务充分发挥其效力和效能。⑤降低风险，企业应通过使用安全的技术和操作流程，将员工和社区的环境健康和安全的风险减到最小，并持续地对紧急事件作好准备。⑥产品与服务的安全，销售的产品或服务应减少有害的环境影响，且能保证消费者经常使用也很安全；企业也会告知消费者该产品和服务对环境的影响。⑦恢复环境，当企业对环境造成伤害时，应彻底恢复环境和补偿那些被伤害的人。⑧告知公众，企业应向员工透露因操作所产生的环境危害或者影响健康或危及安全的事；企业应披露因工作而造成潜在有关危及环境与健康安全的事，且若有员工报告任何会造成危及环境与健康安全的事件，企业不得采取不利于员工的行动。⑨管理承诺，为执行 CERES 原则，企业应持续改进管理资源，它包括监控和报告企业执行的程度，成立专门的委员会来负责环境事务。⑩审计与报告，企业每年会对实践这些原则进行自我评估，并定时完成 CERES 要求的报告，并且让公众可以自由地获得这些资料①。

　　该原则用以鼓励接受该原则的企业把他们当作改善环境治理工作的标准，它包含了企业经济活动对环境影响的各个方面，归纳起来为：①对生态圈的保护；②可持续利用自然资源；③废弃物减量与处理；④提高能源效率；⑤降低风险性；⑥推广安全的产品与服务；⑦损害赔偿；⑧开诚布公环境问题；⑨设置负责环境事务的董事或经理；⑩评估与公示环境责任状况。CERES 的原则，为确定企业环境责任行为的提供了具体的、可操作的范围。

　　此外，还有不少学者也提出了一些与企业环境责任行为相似的概念，例

---

① 　环境责任经济联盟官方公布资料，http：//www.ceres.org。

如，企业环境行为、企业环保行为、企业绿色行为等等，并进行了较系统的归类。比较典型的分类有：①Sarkis（1998）将企业从事的环保行为归纳成：生命周期分析、环境友好的研发、基于环境的全面质量管理、采纳 ISO14000 标准和绿色供应链管理等五个部分。②Heriques 和 Sadorsky（1999）则从利益相关者和知识管理的角度，将企业绿色行为分为：环保规划和规划文件化、环保组织设计、与相关利益者沟通以及高层管理者的环保承诺等四个部分。③Zhu 和 Sarkis（2004）将企业绿色行为归纳为内部的环境管理、外部的绿色供应链管理、投资回收和环境化设计四大部分，并从企业系统管理和内部流程的角度细化及设计了企业绿色行为的内涵，该分类方式被大量后续研究所采纳。

而近年来，公司环境行动策略已开始进入制度理论研究视野。从制度理论出发，研究者将公司的环境行动策略区分为实质性行动和象征性行动两大类别（例如 Berrone 等，2009；Delmas 和 Montes－Sancho，2010；Kim 和 Lyon，2012；Walker 和 Wan，2012）。Berrone 等人（2009）将实质性环境行动分为污染预防和环境技术创新。污染预防行动是旨在减少或消除生产各阶段有害化学物质的产生，而环境技术创新是围绕环境保护和资源节约所开展的技术创新。而在不同利益相关者导向基础上列举了象征性环境行动的一些主要形式，（例如加入自愿环保计划、申请绿色商标、设立公司环保委员会、采用环保薪酬政策和开展社区沟通等）。Walker 和 Wan（2012）则从公司环境行为是否实际实施的角度，认为实质性环境行为是指公司已经采取的关爱自然环境的具体行动或步骤，而象征性行为则指公司对自然环境的承诺和未来计划的讨论。

Gilley 和 Worrell（2000）从探讨企业环境责任行为与企业绩效的关系出发，区分了两种类型的环境行为，即过程驱动行为和产品驱动行为。过程驱动环境行为主要涉及减少公司生产过程对环境的影响，而产品驱动行为主要是创造新品类环境友好产品或服务或减少现有产品的环境影响。

目前，国内对企业环境行为的研究相对较少，王远等人（2000）将企业环境行为按等级进行综合评价，将其分为绿色、蓝色、黄色、红色和黑色五类，其中绿色代表企业的环境绩效最好，代表企业广泛采用清洁生产技术，并通过 ISO14000 认证，其环境表现达到了国际水平。此外，徐雪峰（1997）还将企业的环境行为总结成：适应型环境政策、防御型环境政策和主动型环境政策。周曙东（2011）从"两型社会"建设的角度将企业环境行为分为环境战略、环境制造（绿色制造）、环境营销和环境文化（绿色文化）四个方面。环境战略是指一个企业解决环境问题的总体规划和导向性策略；环境制造（绿色制造）又包括绿色产品设计、绿色材料采用、绿色工艺流程、绿色包装等方面；环境营销或称绿色营销，由绿色产品、绿色价格和绿色促销所组成；企业环境文化指企业在实行环境战略、环境制造及环境营销中形成的资源节约、环境友好的理念，并成为企业全体职工所认同遵循的行为准则和行为习惯。但并没有详细说明到底包含哪些措施和手段。

这些学者和组织对环境责任行为进行的解释和分类，虽然很全面，也比较具体，但多是研究消费者的环境责任行为，或是基于政府、环保组织或企业的视角来研究企业的环境责任行为，而从消费者的视角来探析企业环境责任行为的，少有研究。

二、消费者响应的研究

（一）消费者响应的概念

简而言之，消费者响应（Consumer Response）就是消费者对企业的经营管理行为在心理和行为上产生的反应。Bucklin等人（1998）定义的消费者响应是指消费者在选择品牌、购买数量、购买率时的决策。Holbrook和Hirschman（1982）则认为，单个消费者的响应不仅包括消费者对外部刺激在感官上的编码，还包括依据个人情况产生多种感觉的想象。为此提出了环境与消费者之间存在着认知—影响—行为的响应系统。

Bhattacharya和Sen（2004）在研究企业社会责任问题时将消费者响应分为两种：一是消费者对企业参与社会责任活动的认知、态度和归因这类的内部响应；二是购买行为和忠诚度之类的外部响应。还指出企业积极的社会责任会引发消费者对企业积极的评价，但却不一定产生最终的购买行为。Devinney等人（2006）提出了消费者社会责任的概念，其主要表现为三个方面：①消费者采取捐赠或者抵制行动；②购买或者不购买行为；③在市场调研中表达自己的想法。此外，研究发现：消费者虽然表示更愿意购买那些更重视社会责任的企业的产品，但这些调查的结果并未能够在商场的收银台处得到证实，消费者在实际生活中仍然倾向于选择那些更便宜的商品，而不是那些更带有社会责任含义的商品。因此认为消费者在问卷调查中表现出来的高尚品德并没有转化成真实的行为。消费者是"口惠而实不至"。

从响应的程度分类看，国内学者邓新明、田志龙等人（2011）根据消费者对企业伦理行为的响应态度与评价结果，将消费者响应分为负响应（包括抵制、质疑）、零响应（持无所谓观点）、正响应（包括赞赏与支持）。这种分类方法能比较简洁清楚地表达消费者从态度到行动的响应特征，负响应中的抵制偏重于行动，质疑表明一种态度；零响应即包含态度，也包含行动，但更偏重于意识形态；正响应中的赞赏主要偏重于态度，而支持更偏重于积极配合的行动。

此外，消费者响应的研究视角还有很多，例如消费者的购买意向（Valor Carmen，2005；Mohr和Webb，2005）、购买行为（Deepak，2001；Ou，

2007）、产品质量感知（周延风等，2007；Sun 和 Collins，2006）、产品评价（田志龙等，2011）等。

（二）消费者响应的理论基础

1. 刺激—反应理论

刺激—反应理论（Stimulus - response）是行为主义的主要理论，该理论认为行为是个体对刺激的反应，影响个体行为的关键因素是相关的外部刺激因素。行为主义者的代表性人物 John B. Watson 认为，心理学不应研究意识，只应研究行为。与弗洛伊德强调个体内在冲动不同的是，行为主义者重视外在因素对环境的影响。行为主义者把"诸如感觉、意向、欲望、目的，甚至思想与感情等一切主观定义的词汇都从其科学词典中踢出去"[①]。在行为主义者看来，行为就是有机体用以适应环境变化的各种身体反应的组合，环境完全决定了个体行为，人是灵活、完全可塑的。只要给定一个培养成长的环境，向任一方向塑造个体行为的可能性是无穷无尽的。

当然，对刺激—反应理论也存在一些质疑。新行为主义的代表人物之一的心理学家——Edward Chase Tolman 认为，行为的最初原因主要有物理的和生理的两类，分别称之为环境变量和个体差异变量。其中环境变量包括刺激物特点、所要求的运动反应类型、目标对象的适当性等，个体差异变量包括遗传特征、年龄、以往接受的训练、生理状态等。Tolman 认为，环境变量和个体差异变量（亦称实验变量和自变量）与行为变量（亦称因变量）之间的关系绝不像行为主义者所说的刺激—反应那么简单，两者之间还存在着一系列中介因素（亦称中介变量）。这些因素虽然不能被直接观察到，但可以根据引起行为的先行条件及最终的行为结果推断出来。在 Tolman 看来，每种特

---

① 弗兰克·G. 戈布尔. 第三思潮——马斯洛心理学［M］. 上海：上海译文出版社，2001.

定环境变量都同特定个体差异变量相结合，从而产生不同的中介变量①。这些中介变量对行为产生直接影响，它们是行为的实际决定因子。

2. 刺激—机体—反应理论

美国心理学家 R. S. Woodworth 在行为主义者的刺激—反应理论基础上进行了修正。他主张应该研究个体的全部活动，包括意识和行为两个方面。根据 Woodworth 的行为模型，刺激作用与有机体产生相应的反应。相应的，作为结果而产生的反应既取决于刺激，又取决于有机体。Woodworth 的行为模型引起了人们对个体黑箱过程的关注和重视，这也为理解消费者行为提供了新的启示。

在刺激—机体—反应理论基础上，营销大师 Philips Kotler（1989）进一步发展了消费者购买行为模型，揭示消费者购买行为也是一个刺激—内心活动（机体）—反应（S－O－R）的过程。消费者在购买产品或服务的过程中，受到来自企业营销因素和外部环境因素的刺激，而消费者会因个体特征的不同而出现黑箱效应。这种黑箱效应往往与购买者个性和决策过程这两大因素相关。它们的作用机理无从知晓，故称其为黑箱。但最终结果——消费者反应是可以了解的，消费者对这些信息会做出个性化的反应，包括认知、情感和行为等反应（如图2－1所示）。

3. 态度—情境—行为理论

态度—情境—行为理论是 Guagnano 等人（1995）为预测人们环境行为提出的理论，亦称 ABC 理论。该理论认为，环境行为是个体的环境态度变量和情境因素相互作用的结果。当情境因素的影响呈中性时，环境态度与环境行为之间的关系最强；当情境因素对完成某事极为有利或者是不利时，会促进或阻止环境行为的产生，此时环境态度和环境行为之间几乎不存在关联。也

① 叶浩生. 西方心理学理论与流派 [M]. 广州：广东高等教育出版社，2004.

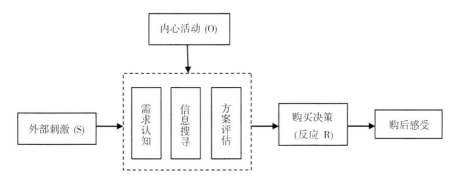

图 2-1　消费者购买行为的 S-O-R 模型

就是说，例如支付成本更高、花费时间更多或者付出更困难代价这些不利于环境行为的情境因素出现时，环境行为与环境态度之间的关系会显著减弱。态度—情境—行为理论发现了内在态度因素和外部情境因素对消费者行为的影响，并验证了情境因素在环境态度与环境行为之间的调节作用。但该理论并未深入地分析态度的形成过程，以及态度对行为的影响机理。

4. 计划行为理论

计划行为理论是美国学者 Fishbein 和 Ajzen（1975，1980）在自己提出的理性行为理论的基础上延伸发展而来，它以期望值理论为基础，试图解释人类行为决策中的社会心理。理性行为理论只适用于预测完全受意志控制的行为，如果应用到非意志控制的行为，其预测作用就会降低。对此，Ajzen（1985，1991）将理性行为理论发展为计划行为理论（Theory of Planned Behavior）。该理论认为：决定行为的直接因素是行为意图，而行为意图又由行为态度、主观规范、感知行为控制三个因素决定（如图 2-2 所示）。

个人态度的形成可由个体对实施特定行为结果的显著信念，以及对结果的评价来解释；行为信念指个人对采取某一特定行为时可能导致某些结果的信念；而结果评价指该行为所产生的结果对个人的重要程度，所以态度是个人对于其行为结果表现的想法与个人对这些结果的评价。Ajzen（1985）认为

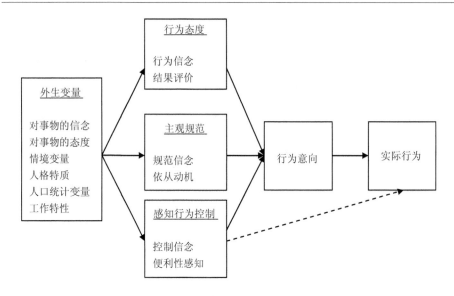

图 2 - 2　Ajzen 的计划行为理论模型架构

一个人对某特定行为的态度会直接影响个人行为的意图。

　　主观规范是个人执行某一行动时，认为其他重要关系人是否同意他的行为；亦指个人从事某特定行为预期所受的压力 Fishbein 和 Ajzen（1980）。Ajzen（1985）认为行为有时受社会环境压力的影响大于受个人态度的影响，有时态度可决定行为意图，但有时主观规范会主导行为意图。而主观规范的形成取决于规范信念和依从普遍性社会压力的依从动机，规范信念指个人觉得重要的人或团体认为其是否应该采取某特定行为的看法及压力；依从动机指个人在采取某项行为时，是否依从重要的人或团体的期望而采取该行为的动机。

　　感知行为控制指个人觉得从事该行为的难易程度。当个人感到执行某行为的能力越强、自我效能越佳、资源及机会越多、预期遇到的阻力越小，其感知行为控制力越强。感知行为控制又受控制信念和便利性感知的影响 Ajzen（1991）。所谓控制信念是指个人对表现该行为所拥有的能力、资源、机会或将会遇到阻碍大小的认知，也就是个人对表现该行为所能控制的程度；便利性感知是个人对展现特定行为而可取得所需资源的认知，例如时间、金钱或其他可得资源的主观评估。Ajzen（1985）认为感知行为控制也能直接影响行为，若个人行为控制认知与实际行为控制非常接近时，行为控制认知也可直接影响行为。

计划行为理论模型在预测行为意向和行为方面得到了大多数学者的认可，但也存在一定的局限性：①理论中的信念因素是一个笼统、一般化的概念，应用到具体的行为研究中需要进一步明确界定，这使得理论的设计应用受到一定的限制；②该理论忽视了过去行为、习惯行为，及外部相关行为对个体行为的影响，例如企业的某些行为是否会改变消费者的行为，计划行为理论并未对此展开研究。

5. 知信行理论

知信行是知识、态度、信念和行为（Knowledge – Attitude – Belief – Practice，KABP）的简称。该模型最初用于健康教育中，解释和干预个体的健康管理行为，后来也引申为解释和干预个体的一般行为。

该理论认为，教育的目的是为了改变人们的行为，但行为的改变存在着从认知和学习，到态度和信念，再到行为改变。也就是说，个体具备了知识，同时对知识进行积极的思考，上升为信念，才可能采取积极的态度去改变行为。知信行理论认为，通常可采用下列方式可有效促进信念确立和态度改变：例如增加信息的权威性，增强传播效能，利用恐惧因素，提高行为效果和效益等①。

知信行理论将行为改变分为获取知识、产生信念、形成行为三个连续过程，得到了普遍认同，在教育学、心理学等领域中广泛应用，但该理论忽视

---

① 张清，周延风，高冬英. 社会营销［M］. 广州：中山大学出版社，2007.

了情感对人行为的影响。

6. 认知理论

认知理论的观点认为，人的行为取决于人对社会情境的知觉和加工过程。受格式塔心理学影响，人对环境的知觉，不是被动地照搬，而是主动地组织、理解、加工和解释。人们经常自然地把对某一社会情境的知觉、想法、信念，组织成简单而有意义的形式。不管社会情境如何错综复杂，人都要将其看作有意义的整体，将环境事件安排在有序的因果序列里，使环境变得有规律。对环境的知觉、组织和解释，影响人们对社会情境的反应，人据此可以预测、控制环境并做出不同的反应①。

在社会认知心理的解释过程中，主要有两种解释方法：一种为归因法解释，另一种为图式法解释。

归因法较少注意人如何将零散的信息组合成整体印象，而更关注人们对行为原因的解释。它把人看作"自然的科学家"，都会去权衡、组织各种信息，并对行为背后的原因做出系统的解释和判断。

图式法是人们在认知过程中，由于信息处理能力有限，人们只用花费最小的办法，解决或回答一个社会问题，尝试用最有效的途径判断事物，它将人看作"吝啬的认知者"，而不是像归因研究者那样把人看作"天生的科学家"。

那么，消费者对企业环境责任行为的认知与响应过程中，到底采用归因法解释，还是图式法解释有待进一步研究，也就是说，消费者在企业环境责任行为问题的认知上是一个"天生的科学家"，还是一个"吝啬的认知者"还需进一步认证。

---

① 金盛华. 社会心理学（第2版）[M]. 北京：高等教育出版社，2005.

7. 信息加工理论

从 20 世纪 50 年代中期起，认知心理学的信息加工理论迅速兴起，推动了心理学其他分支的发展。信息加工理论的兴起在心理学界引起了巨大反响，以至于信息加工理论的兴起被称为即行为主义的又一次革命。

信息加工理论以"人与计算机类比"为假设前提，通过实验法对人的认知活动进行系统研究。但人永远不可能与机器等同，所以，建立在有问题前提假设上的理论逐渐显露出不足。于是，认知心理学开始关注人们对社会上各种社会性刺激的加工。社会信息加工的过程一般涉及："社会信息的辨别、归类、选择、判断、推理等心理成分，即涉及人对社会性客体之间关系的认知。"人的消费行为就是一个信息处理过程，消费者面对各种大量的商品信息，要对信息进行选择性注意、选择性加工、选择性保持、最后做出购买决策并作出购买行为。这个过程可以用心理学原理解释为：商品信息引起了消费者的有意或无意注意，那么大脑就开始对所获得的信息进行加工处理，这个过程包括知觉、记忆、思维和态度，于是购买决定就产生了。

8. 相关理论评述

通过对现有行为理论的回顾，可以看出：这些理论大都假设了各影响变量之间呈现逐层递进关系，没有考虑变量之间的回馈和交互效应。显然，各影响因素之间还可能存在复杂的层次关系和交互作用。如果先验地假设各影响因素之间呈单一的线性关系，这是不现实的。

现有的行为理论缺乏对消费者和企业环境责任这种特定行为的专门研究。像刺激—机体—反应理论、态度—情境—行为理论、计划行为理论、知信行理论、信息加工等理论，实际属于个体的一般行为理论。这些一般行为理论未必能有效解释或预测消费者对企业环境责任行为的反应。因此，必须在一般行为理论的基础上构建特定的消费者对企业环境责任行为的响应模型。

（三）消费者环境行为的形成

消费者对企业的环境责任行为的响应最终还是体现在消费者自身对环境负责任的消费行为上。消费者的这种行为可以从以往文献中找到类似的概念。例如，环保行为（Environment Protection Behavior）、环境意识行为（Environmentally Conscious Behavior）、绿色消费行为（Green Consumption Behavior）、生态友好行为（Ecologically Friendly Behavior）、亲环境行为（Pro-environmental Behavior）、可持续消费行为（Sustainable Consumer Behavior），等等。这些行为变量在内涵和外延上存在一定的差异，但大致的意思相近。

消费者环境行为形成的模型被引用最多的是 Hines 的负责任的环境行为模型。该模型由 Hines 等人（1986）应用元分析技术，整合了128篇有关环境行为的文献后所提出个人负责任的坏境行为形成的模型。该研究验证了环境问题知识、行动策略知识和行动技能、个性变量四个变量显著影响环境行为意向，进而再显著影响环境行为。其中的个性变量沿袭了计划行为理论的观点认为：态度、控制观和个人责任感会影响个人负责任环境行为的意图。该研究还表明：是否有机会从事环境行为、社会压力、个人的经济条件等情境因素是实施环境行为的重要外部影响因素（如图2-3所示）。

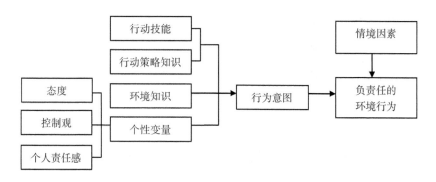

图2-3 Hines 的负责任的环境行为模型

此外，在 Hines 等人的环境行为模型提出 20 年之后，Bamberg 和 Moser（2007）也应用元分析方法，从社会心理学的视角提出亲环境责任行为元分析结构方程模型。其结果表明：这些社会心理变量对亲环境行为都有影响（解释因变量的 27%）；环境态度、感知行为控制和道德规范是行为意向的三个前置变量（解释因变量的 52%）；此外，环境问题意识是影响环境行为意向的重要间接决定因素，它的影响受到社会道德规范、负罪感和态度的中介作用（如图 2-4 所示）。

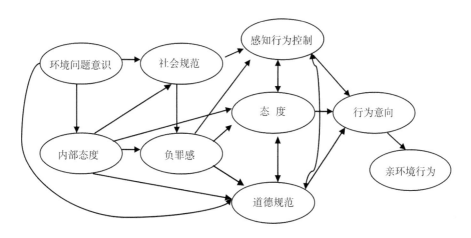

图 2-4 Bamberg 和 Moser 的亲环境行为模型

这两个整合模型源于计划行为理论，都较好地解释了消费者环境责任行为形成的过程，但没有考虑在企业环境责任行为的刺激下，消费者亲环境消费行为如何产生的过程。

三、企业环境责任与消费者响应的研究

（一）消费者对企业责任行为的反应

从以往的文献看，西方学者对企业环境责任的有关研究是伴随人们对企业的社会责任研究而进行的，企业环境责任被大多数人认为是企业社会责任的一部分。因此，我们可先通过消费者对企业社会责任反映的相关研究来探析消费者对企业环境责任的响应。

有研究结果显示：企业的社会责任活动与社会形象相关，它通过消费者对企业形象的联想，影响消费者对企业的产品和服务的评价。例如，Brown和 Dacin（1997）发现，与低水平的企业社会责任行为相比，高水平的企业社会责任行为会导致对公司更好的评价。Blend 等人（1999）发现，有 3/4 的被调查者愿意购买标有生态标识的苹果，并且愿意每磅多支付 40 美分的溢价。Sen 和 Bhattacharya（2001）研究发现企业社会责任的高低显著影响消费者对产品的评估，且企业社会责任与消费者购买意向的关系受消费者个人特征、消费者对企业社会责任行为的支持程度，以及消费者对企业社会责任与企业能力的信任程度的调节。他们认为消费者也可以按照对公司承担社会责任行为的支持程度，被分为高支持和低支持两类消费者；同时可以按照消费者对企业社会责任行为与企业能力的信任程度来把消费者分为高信任和低信任两大类。通过实验对比发现：当消费者购买低质量产品时，高信任消费者倾向于购买那些积极承担社会责任企业的产品，而不愿购买那些不承担社会责任企业的产品。并且，当消费者认同企业有良好的声誉时，或认为企业社会责任和企业核心业务有高匹配度时，或消费者自身与该企业社会责任有一定相关性时，履行企业环境责任与消费者给予企业积极评价的正相关将更显著。

国内学者鞠芳辉等人（2005）通过逻辑推演，提出"基于消费者选择的企业社会责任实现"模型。他们认为影响企业社会责任策略选择的主要变量有：消费者对责任产品的偏好强度、社会责任的市场规模、企业社会责任信息的显性化、消费者的企业社会责任教育。

周延风等人（2007）从捐助慈善事业、保护环境和善待员工三个层面，研究了企业承担社会责任行为与消费者响应的关系。分析结果显示，消费者购买意向与产品质量感知均受到三个层面的企业社会责任行为显著影响；与此同时他们还发现，企业社会责任行为与消费者响应之间的关系较为复杂，既受到消费者个人特征的影响，也受到产品自身特征的影响。

邓新明（2011）在研究企业伦理行为的消费者响应时得到的结论是：8%的消费者对企业的伦理活动会抵制购买；有20%的消费者对企业的伦理活动产生质疑响应；28%的消费者对企业的伦理行为持无所谓态度，他们在购物过程中更关注产品的质量、价格与购物便利性等经济因素，而不是很在乎伦理因素；另外，有近32%的消费者属于赞赏型响应，而只有12%的消费者会因企业的伦理活动而真正地产生购买支持响应。无论是正响应还是负响应的消费者，均显著地存在"态度—行为"缺口，在44%的正响应消费者中，32%的消费者只是做出赞赏型响应，真正会做出购买支持响应的消费者只有12%；而28%的负响应消费者，真正在行为上会做出购买抵制响应的消费者只有8%，其余20%的消费者只是在态度或情感上持质疑响应。

这些文献说明消费者对企业社会责任的认识可能对其消费行为产生影响。那么，将社会责任具体到企业环境责任，消费者仍会有相同的反应吗？

迄今为止，对该问题的研究还未有定论。Drumwright（1994）认为，企业履行环境责任会增加企业产品或服务对产业市场客户的吸引力。Kalafatis 和 Pollard（1999）的研究发现，消费者对环境责任履行度较高的产品的重购率明显高于其他产品，且忠诚度较高。Lafferty 和 Goldsmith（1999）的实验表明，消费者会对积极履行环境责任企业的评价以及品牌的评价存在正相关的影响，同时也极可能转化为消费者对企业产品的购买意向。Sen 和 Bhattacharya（2001）与 Endacott（2004）等学者也均发现积极关注环保的企业会使消费者对产品质量感知做出有益评价，从而获得更多的消费者信任。Bjorner 等人（2004）于 1997～2001 年用丹麦消费者实际购买行为的面板数据证实了环境绩效的信息提供对消费选择具有重要影响。Loureiro 和 Lotade（2005）的研究显示，消费者表现出对环境友好型产品偏好，并愿意为环境友好型产品支付略高一点的价格。Mohr 和 Webb（2005）基于全美国的随机样本的实证研究发现，承担环境和慈善的企业社会责任对消费者购买意愿产生积极影响，环境方面的企业社会责任对消费者购买意愿的影响甚至比价格的影响还大。

然而，并非所有的消费者调查都支持企业的环境责任活动。例如 Lee 和 Shin（2010）以韩国消费者为研究样本时，发现企业的环保行为对消费者的购买意向没有影响；Sen 等（2001）的研究发现当企业披露正面的环境责任信息时，消费者对产品质量的评价反而更低。之所以存在这一现象，可能是源于消费者对企业是否真心行使责任行为持怀疑态度。正如 Smith 和 Stodghill（1994）、罗鑫（2004）等人提出的观点，多数消费者认为企业的责任行为仅仅是为了改善自身形象的表演，企业的责任行为处于商业目的，从而导致消费者漠视企业的环境责任行为。这些研究说明，消费者对企业的环境责任行为的真实性可能缺乏信任。

还有一些学者反过来研究消费者对缺乏社会责任的企业的反应，他们提出，绿色消费者对生态保护日渐重视，如果企业不重视产品的环保作用，将遭到消费者排斥或抵制（Drobny，1994；Green 和 Robinson，1992）。Bhattaeharya 和 Sen（2004）认为，消费者对不负责任的行为比负责任更敏感，"做错事"给企业带来的伤害要大于"做好事"给企业带来的帮助。那么，负面的企业环境责任行为给企业带来的负面影响，是否大于积极的企业环境责任行为给企业带来的收益，这方面的实证研究极少见到。

（二）影响消费者响应环境行为的主要因素

1. 环境态度

环境态度（Environmental Attitude）在有的文献中会被称为环境关注（Environmental Concern）。早期的学者认为亲环境的态度必然导致相应的亲环境行为，多数实证研究（Schwepker 和 Cornwell，1991；Balderjahn，1998；Satoshi Fujii，2006；黎建新，2007；王建明，2010）都证实了这一假设。也就是说，具有生态意识的人会积极参与生态消费活动。

在对环境态度进一步的研究中，Hines（1987）将环境态度分为两类：一类是一般的态度，指针对环境本身的态度；另一类是特定的态度，指针对具体环境行为的态度。他发现两类环境态度和环境责任行为都相关，但特定的环境态度对行为更具解释力。Mainieri 等人（1997）对绿色消费态度的研究发现，一般环境态度对绿色购买行为的解释力很有限，它仅对其中一种具体购买行为有适度解释力；绿色消费态度无论对不涉及具体产品的一般性绿色购买，还是对具体绿色购买行为都有很强的解释力。还有学者（Bamberg，2003；黎建新，2007）甚至认为，一般环境态度对具体环保行为的解释力不超过10%。因此，一些学者不再使用一般环境态度来直接预测具体环境行为，而是把具体行为的态度作为具体行为的预测变量。Laroche（2001）等人将态度分为四个维度：环境问题的严重性、环境友好的重要性、企业责任的水平和实现环境友好的不方便性。通过对加拿大消费者的实证研究，这四个维度中，只有环境友好的重要性和实现环境友好的不方便性对特定环境行为有显著影响，而环境问题的严重性和企业责任的水平对所有环境行为都没有显著影响。而且，环境友好的重要性主要对环境友好性产品支付溢价的意愿有显著影响，而对循环回收、购买决策时考虑环境问题和购买环境有害产品等其他环保行为没有显著影响；环境友好的不方便性也主要对循环回收有显著影响，对购买决策时考虑环境问题、购买环境有害产品等其他环保行为也没有显著影响。

还有一些学者认为，态度还可以划分为认知和情感两个维度（于丹等，2008），行为态度的认知成分更多的是从认知的角度评估行为；而行为态度中的情感是执行行为的情绪。如此划分，使得用环境态度这个本身就很抽象的变量来解释消费者环境行为变得更加复杂和不确定。

此外，Pickett 等（1995）通过研究发现，大多数人都回答他们愿意做些事情来帮助解决环境问题，并且还会对此投入相当多的感情，但他们又几乎没有做出什么实际的努力。这说明在对环境问题的一般性认知和环保行为之间还存在一些很重要的变量未被发现。

针对环境态度与具体环保行为之间低相关的问题，学者们大致提出了两种解决办法：①不使用环境态度（一般态度）来直接预测具体行为，而将具体行为态度本身作为具体行为的预测变量（例如 Bamberg，2003）；②考虑到环境态度对具体环保行为其调节作用的其他变量或情景因素（例如 Stern，1992）。

2. 环境知识

环境知识是指与生态环境有关的知识。由于普遍认为环境知识是影响个人环境行为的重要变量，所以环境知识一直是研究环境问题的焦点之一。Henion（1972）认为，消费者对环境问题的知识对其环境态度和环境行为有直接影响。Synodinos（1990）也认为，通过增加消费者对环境问题的知识会促使其对环境行为产生更积极的态度。Marguerat 和 Cestre（2004）的研究也进一步表明，环境知识对消费者的态度和购买后行为，尤其是循环回收行为有特殊影响。Meinhold 和 Malkus（2005）也发现环境知识对环境态度和行为有显著的调节作用。当然，还有很多国内外学者也通过实证研究证实了环境知识与环境行为之间确实存在联系。

但也有一些学者持不同意见。Maloney 等（1975）发现，消费者的环境知识与生态相容行为并无重要关系。Wood（1982）的实验发现，实验开初，被试者几乎都支持环保，但根据环保支持者列出的关于环保的观念和相关的行为，将被试者分为：环境保护知识丰富者和环境保护知识缺失者。经过一周或几周后，让两组被试同时阅读一则反对环境保护的资料，考察这份材料的影响作用。结果发现，知识缺失组被试受到材料影响而倾向于中立立场，而知识丰富组的被试立场几乎毫无动摇。Pickett 等（1993，1995）的研究也表明，环境知识对环保行为并没有显著的影响，但他们的研究主要针对一般的环境知识，而不是具体、特定的环境知识。

Schahn 和 Holzer（1990）的研究也提出，需要对"抽象的"和"具体的"环境知识加以区分，并指出只有后者才可能对生态友好行为有重要影响。有不少学者也就此进行了分类。Marcinkowski（1989）将环境知识分为三类。"①自然环境知识：例如生物学和生态学知识，生态系统组成与功能、物质与能量在生态系中的流动、族群与群落等；②环境问题知识：例如自然资源知识及对因物质过度使用而产生环境问题的认知；③环境行动知识：如何采取行动解决问题的知识。"[①] 此后，Schahn 和 Holzer（1990）、Ellen（1994）、Frick 和 Kaiser（2004）也开发了一系列量表，对环境知识进行了分类。特别是 Frick 和 Kaiser（2004）研究，他们也将环境知识分为三类，即系统知识（System knowledge）、行动知识（Action – related knowledge）和效

---

① 郑时宜. 影响环保团体成员三种环境行为意向之因素的比较 [D]. 台湾中山大学硕士学位论文，2004.

力知识（Effectiveness knowledge）。系统知识指"知道是什么"的知识，行动知识是"知道如何做"的知识，效力知识是"分出优劣"的知识。他们发现上述三种知识维度具有相关性，系统知识是行动知识和效力知识的先行变量，行动知识又是效力知识的影响变量。总之，学者们对环境知识进行的分类，为探讨它们对哪些具体的环境行为产生影响提供了研究的思路。

综上所述，环境知识对消费者环保行为的影响是不确定的，环境知识对消费者购买的影响背后应该还隐藏着更复杂的过程仍未被发现。从研究实践来看，越是具体的知识，越是与行动有关的知识，越可能预测消费者环保行为。

3. 感知效力

很多学者对消费者感知效力（Perceived Effectiveness）进行了研究，例如Kinnear 等（1974）、Webster（1975）、Weiner 和 Doescher（1991）、Berger 和Corbin（1992）、Roberts（1995，1996）。他们假设消费者对环境诉求的态度和反应取决于消费者个体信念的强弱，当消费者认为自己的言行对社会问题产生影响时，他们对以环境保护为诉求的绿色产品或绿色营销策略会有正面、积极的关注，学者们称消费者的这种信念为消费者感知效力。如果消费者认为其自身意见和行为能在一定程度上改变环境恶化或生态失衡问题，则感知效力就产生了。

Ellen 等人（1991）指出，在以前的实证研究中，消费者感知效力的概念是与社会意识态度紧密联系的，因此消费者感知效力往往与其他概念混淆在一起。他们还发现，消费者感知效力不同于环境关切，它可以独立地预测某些环境意识行为。也可以说，通过增加消费者对其个体行为实际效果的感知可以有效地促进消费者实施环境行为。Berger 和 Corbin（1992）发现，消费者感知效力和消费者对他人效力的信心对于环境态度和个人消费行为之间的关系存在显著影响。具体来说，消费者感知效力是环境态度和个人消费行为之间的一个重要变量，它调节着环境和个人消费行为之间关系的强度和结构，并随着消费者所处的不同情境而变化。Roberts 和 Bacon（1997）的研究也进一步证实，消费者感知效力超过其他心理变量和人口统计变量是对消费者生态意识行为影响最大的变量。

4. 社会规范

Schwart（1997）的规范激励理论认为，规范是解释亲社会行为的核心变量，它包括社会规范和个人规范。社会规范是"人们对社会主流认识和意见的内容与实质的感知"，而个人规范是"面对现实我该怎么做、做什么"和"社会规范是否应该成为个人信念的一部分"的观念。当个体把社会规范内化后，就形成个人规范并影响个体行为。Bamberg 和 Moser（2007）、Stern（2000）认为个人规范被激活是因为问题意识和行为道德的感知，而社会规范约束个体行为，主要取决于人们在采取行动时能否意识和感知到这种规范的存在。因此，他们将社会规范作为亲环境行为的解释变量。

5. 人口统计因素

现有的研究涉及的人口统计因素主要有性别、年龄、职业、收入、受教育程度、居住地和婚育状态等。早在 20 世纪 70 年代，Anderson 和 Cunningham（1972）等研究社会责任感消费者的学者们就曾经描述过具有高度环保意识的消费者的特征：女性、中青年、社会经济地位中等偏上、受过良好教育和居住在城市的人。

然而在之后近四十年，Anderson 和 Cunningham（1972）的上述结论并没有得到足够的支持，各种说法层出不穷。

（1）性别因素。较多的研究表明性别与绿色消费行为存在显著相关关系。有的研究认为女性比男性具有更强的生态意识，更倾向于对环境负责任的消费行为（例如，Van Liere 等，1981；Roper，1990；Stern 等，1993；何志毅、杨少琼，2004；Singh，2009）。但也有一些研究得出相反的结论，他们发现男性比女性有更积极的生态意识（例如，Balderjahn，1998；MacDonald 和 Hara，1994）。

还有一些学者的研究结论却认为，性别和绿色消费不存在相关性。例如 McEvoy（1972）、Samdahl 和 Robertson（1989）的研究发现，性别和环境意识之间的关系并不显著。国内学者马瑞婧（2007）、黎建新（2007）的研究也认为，性别对绿色消费行为并没有显著影响。

这一看似矛盾的研究结果表明，性别对绿色消费行为的影响即便存在也不是关键因素。

（2）年龄因素。关于年龄对绿色消费行为的影响，早期研究的总体结论是，绿色消费者是年轻或低于中年的消费者（Anderson 和 Cunningham，1972；Van Liere 等，1981）。Singh（2009）的最新研究也表明，年轻人更倾向于环境友好消费行为。但有的学者的研究结果却显示，年龄越大的消费者越注重绿色消费（Samdahl 和 Robertson，1989；Robert，1996，2007；王建明，2007）。而另一些学者的研究则认为，年龄和绿色消费态度与行为之间没有显著的相关性（例如，McEvoy，1972；Roper，1990；黎建新，2007）。

之所以有如此多自相矛盾的说法，和学者们对绿色消费类别的侧重点有关。从这一点可以推断，由于各种外部因素，不同年龄段的消费者其绿色消费的对象和内容有较大的差异。如果笼统地用年龄来分析对绿色消费的影响势必会产生不同的结论。

（3）收入因素。收入通常被认为与环境友好行为存在正相关关系。这是因为收入较高的消费者能够承受实行环保行为的边际支出。不少研究也证实了这一点（Kinnear 等，1974；Van Liere 等，1981；Schwepker 和 Cornwell，1991；Newell 和 Green，1997）。但也有一些研究得出相反的结论，Samdahl 和 Robertson（1989）发现，具有环保意识消费者的收入比社会平均水平要低。王建明（2007）的实证研究也证明，在中国，低收入者更倾向于循环型消费行为，这种消费动机不一定出于对环境问题的关注，或来自内在的环境意识，而有可能主要出于经济动机。此外，还有一些研究发现，收入不能很好的预测环境友好行为（Straughan 和 Roberts，1999；黎建新，2007；王凤，2008）。

（4）教育因素。一般认为，受教育程度和环境友好态度和行为存在正相关关系，既受教育程度越高者，越容易产生正面的环境态度和环境友好行为。尽管很多研究结果表明，受教育程度比其他人口统计因素对环境态度和行为的影响要一致一些，但它们之间的明确关系也难以建立（Straughan 和 Roberts，1999）。大多数研究发现，受教育程度与环境友好的态度和行为之间的呈显著的正相关关系（例如 Van Liere 等，1981；Schwartz 和 Miller，1991；Roper，1992；Roberts，1996；黎建新，2007），但也有一些研究认为二者之间是显著负相关（例如 Samdahl 和 Robertson1989），或无显著相关关系（例如 Kinnear 等，1974）。

综上所述，关于性别、年龄、收入、教育程度等人口统计因素对环境友好态度和行为的影响，不同学者得出的结论不尽相同，甚至差异很大。对于这种现象，Straughan 和 Roberts（1999）认为其原因主要有二：①是不同的研究总是以不同的方式对绿色消费进行操作化研究，因此不同研究结论之间难免存在矛盾；②是某个研究可能提供某个时间上的绿色消费的准确片段，因此研究所揭示的某些关系会随着时间的推移而发生改变。除此之外，消费者本身文化背景等方面的差异也可能使这些结论出现歧义。此外，Straughan 和 Roberts（1999）的研究还表明，人口统计因素（大学生样本，含年龄、收入、性别）仅能解释环境意识消费行为的 8.7%，远不及心理变量等的解释程度。因此，可以推断，人口统计因素不具有稳定性，且解释力有限。

四、研究现状综合评述

（一）研究现状总结

在上述的文献回顾中，企业环境责任行为与消费者响应相关的研究主要包含以下三个方面的内容：

（1）企业环境责任及其行为的概念和具体表现。企业环境责任多出现在法律和社会制度研究中，而在大多数管理方面的研究将企业环境责任行为作为一个笼统的概念，也就是说，凡是企业做出的对环境负责任的行为或环境友好的行为都被称之为企业环境责任行为，尤其在企业社会责任研究中仅把它作为众多变量中的一个变量来研究。

（2）消费者响应的概念和响应机理研究。消费者对企业的行为响应的现有研究主要集中在对企业及其产品的认知、感知、态度和归因等内部的响应，也有对企业及其产品的购买意愿和购买行为、顾客忠诚和顾客推荐等外部的响应。而响应机理的研究大多以计划行为理论、归因理论和信息加工理论为基础，并加以延伸，来解释消费者对外部行为的响应机理分析。

（3）企业环境社会责任行为对消费者的影响及其影响因素的实证研究。现有研究普遍得出的结论是：企业环境社会责任主要通过影响消费者的信任来增强消费者的购买意愿和忠诚，而诸如，环境态度、环境知识、感知效力，以及一些人口统计因素对消费者的最终购买行为都会产生影响。

（二）研究局限及启示

综合以上国外和国内学者的研究可以发现，现有企业环境责任对消费者影响的研究，主要从两个方面展开：①是在企业社会责任研究中，提及企业的环境责任对消费者的响应、支持、购买意愿的影响。一般都没有再继续深入研究消费者对不同企业环境责任的响应是否存在差异，消费者对企业环境责任与其他类型的企业社会责任的响应特质到底有何不同。②是单独研究消费者为什么会产生绿色购买行为或者是亲环境行为，影响绿色购买行为或者是亲环境行为的因素有哪些。多数研究以内部感知为起点，较少考虑外部刺激如何引起购买行为的变化，尤其是在企业环境责任行为的刺激之下如何响应，仍存在理论研究缺口。

因此，接下来的研究将试图回答以下问题：

（1）消费者是如何认知企业环境责任行为的，尤其在购买和使用商品时，消费者是否关注企业环境责任行为。

（2）消费者对不同的企业环境责任行为是否存在认知差异，这些差异是否会影响消费者对企业的评价及其产品与服务的购买。

（3）消费者为什么会对企业环境责任行为产生响应，影响消费者响应的关键中介和调节变量有哪些，它们之间的关系和路径是怎样的。

（4）如何通过这些变量的研究，制定相应的企业营销策略和管理策略。

第三章 消费者对企业环境责任行为的认知类型与影响因素

一、研究目的

通过文献梳理发现，虽然学者们从专业的角度对企业环境责任行为进行了较系统的定义，但未有人深入地探讨实际生活中的消费者，在购买和使用商品与服务时，是否真正关注过企业的环境责任行为；在什么条件下消费者会关注企业的环境责任行为；哪些企业环境责任行为能够使消费者被识别和认知。因此，通过消费者的企业环境责任行为认知特征，深层次地探讨非专家型的普通消费者真实的想法，为后期理论模型研究奠定基础。

二、研究设计

（一）研究步骤

因目前从消费者视角探讨企业环境责任行为还没有成熟的变量范畴、测量量表和理论假设，且根据实地调查，很多消费者对企业环境责任行为的理解也不尽一致，甚至还存在误解。因此，为达到上述研究目标，根据以往研究的经验，先随机选择人口统计特征差异明显的样本进行调查，了解消费者对企业环境责任行为的认知和响应特征概况。

但是，仅仅通过无差异的结构化问卷对消费者进行大规模量化研究未必能了解消费者的真实想法，也未必能有效。因此，通过非结构化问卷（开放式问卷）对代表性典型消费者进行访谈，用质性研究（Qualitative Research）的方法来收集第一手资料，深度挖掘当前消费者认知的企业环境责任行为是什么，消费者为什么响应企业的环境责任行为，影响他们响应的因素有哪些。

（二）研究方法

质性研究用归纳的方式，对研究现象的相关脉络进行阐释，构建出解释社会现象作用过程的一套完整的方法。与量化研究不同的是，质性研究以研究者本人作为研究工具，在自然情境下采用多种资料收集方法对社会现象进行整体梳理，使用归纳法分析资料和形成理论，通过与研究对象互动，对其行为以及意义建构进行解释性理解的一种活动（陈向明，2000）。

Maxwell（2012）认为，质性研究方法将焦点汇聚于特定的情境或者特别的人，注重的非数字而是语言。他将适于质性研究方法的研究对象分成五大类：①从认知、感情、动机等多个角度出发，对被研究对象所遭遇的事件、所描述的情境和生活片段、所采取的行动等经历进行深入的理解。②对被研究对象所处的特定的社会活动情境的理解，及这种情境对被研究对象行为的影响。质性研究所选取的样本通常较小，在分析中尽可能保持样本个体特征的完整和自然，并充分理解事件、行动在特定的情境中是如何形成的，这与通过收集很大数量样本，力求跨越个体特征和个别情境来分析资料的共性的定量研究存在天壤之别。③对不可预知的现象和影响进行识别，并运用扎根理论对其进行归纳。长期以来，问卷和实验研究者往往首先采用质性研究方法进行预研究，从而帮助问卷的设计和实验变量的识别。④理解行为和事件发生的过程。与问卷法和实验法等量的研究方法不同，质性研究特别适于研究导致某种结果的过程性问题。⑤因果关系的解释。量的研究方法所探究的通常是变量在多大程度上影响结果；而质性研究方法所关注的是变量如何影响结果，将变量和结果联系到一起的过程究竟是怎样的。

在此研究中期望通过质性研究的方法对小样本进行调查，用开放的方式收集数据，了解被访典型样本他们对企业环境责任行为的真实想法，透过零散的陈述归纳出消费者对企业环境责任行为的认知特征和响应的缘由。

而在对质性访谈的资料进行分析时，主要有四种分析方法：内容分析法（Content Analysis）、样板式分析法（Template analysis）、编辑式分析法（Editing Analysis）和融入/结晶化分析法（Immersion/Crystallization Analysis）（Miller 和 Crabtree，1992）。内容分析方法根据研究者的主题目的先做编码手册，根据编码手册的号码将访谈内容的字或句分门别类归纳，加以计算频率或进行深入的统计分析。样板式分析法主要是建立在既有的理论、行为模式等架构下所发展出来的分析方法，它并没有固定的编码手册，而是根据理论将访谈内容概念化地分类，并将分类结果加以诠释，必须反复回到访谈稿进行文字、情境等检视和修订，再进入诠释阶段。编辑式分析法更偏向主观和诠释性的分析，研究者根据归纳扎根原理，像编辑一样剪辑、安排文本的呈现，直到诠释者探寻出有意义的类别和关联，将重新编辑过的访谈资料以不同面貌加以呈现。融入/结晶化分析法是个人深度访谈中使用最多的分析方法，例如传记、回忆录、人物志等，研究者必须回顾研究对象的经验，经过不断洞察相关经验，融入整体的分析再加上因洞察经验所获得的新的领悟，使其分析结果被诠释成可报道的形态，使其可以影射社会的实相（Thomas，2000）。

根据本书研究目的，主要采用内容分析法，并辅以编辑式分析法。这两种方法的结合能更好地呈现消费者对企业环境责任行为认知与响应"是什么""为什么"的问题。

三、研究过程

（一）研究样本的选择

质性研究的目的是比较深入地探讨某个研究问题，因此，质性研究不可能、也不需要像定量研究那样使用大样本进行研究，而是采取"目的性抽样"原则，小规模地抽取那些能够为本研究问题提供最大信息量的人或事（陈向明，2000）。

鉴于质性研究要求被访者对所研究问题有一定的认识和理解，我们根据以往人口统计变量对绿色消费、可持续消费等问题的影响的研究（例如，何志毅、杨少琼，2004；黎建新，2007；王建明，2007；王凤，2008；Singh，2009），具有高度环保意识的消费者的大致特征是：女性、中青年、社会经济地位中等偏上、受过良好教育和居住在城市的人。如果选择没有什么环保意识的消费者进行访谈，访谈可能无法继续，信息量也不够充足。因此，在本研究访谈样本的选择上，为了兼顾消费群体的代表性和信息内容的充分性，深度访谈对象必须具备上述 5 个特征中的两个特征。样本数的确定按照理论饱和的准则。

从 2010 年至 2012 年，笔者与 200 多位受访者针对企业环境责任的话题进行了多次正式和非正式的交谈，但在确定最终深度访谈人选时，考虑受访者除了要符合上述样本选择条件，还要愿意继续接受深入访谈，且能够清楚表达自己的想法。根据该原则，最终精选出30位典型受访样本，其年龄、性别、文化程度和职业状况见表3-1。

表3-1　深度访谈对象一览表

编号	年龄	性别	文化程度	职业/专业
01	45	女	博士	资源环境专业教授
02	50	男	博士	绿色消费专业教授
03	30	男	大学	政府部门公务员
04	25	女	大学	企业文员
05	34	女	高中	企业内勤人员
06	38	男	硕士	IT企业高管
07	42	男	博士	医生
08	40	女	大专	图书管理员
09	33	男	硕士	金融企业中层
10	28	男	大专	企业销售员
11	56	女	高中	企业退休职工
12	25	男	硕士	在校研究生
13	24	女	硕士	在校研究生
14	22	女	大学	大四学生
15	22	男	大学	大四学生
16	21	男	大学	大三学生
17	21	女	大学	大三学生
18	31	女	大学	中学教师
19	35	女	大专	护士长
20	41	男	硕士	律师
21	42	男	大学	私营业主
22	46	女	大学	小学教师
23	50	男	高中	小店老板
24	52	女	高中	全职太太
25	47	女	中专	会计

编号	年龄	性别	文化程度	职业/专业
26	39	女	博士	社会学专业副教授
27	56	女	高中	退休职工
28	42	男	大学	工程师
29	69	男	大专	政府部门退休干部
30	32	女	大专	保险业务员

（二）资料的收集

本书采用半结构化访谈方式收集资料。半结构化访谈通常要求研究者事先备有一个粗线条的访谈提纲，再根据自己的研究设计向被访者提问，同时也鼓励被访者提出自己的问题，并根据访谈的具体情况灵活调整访谈的程序和内容（陈向明，2000）。

访谈开始前，先与被访者沟通，约定访谈时间之后，在被访者的家中、办公室、茶室或咖啡厅等环境安静不受他人打扰的场所进行访谈。正式访谈前向被访者说明研究目的和大致内容，并向被访者说明将会对访谈过程录音及在论文成文时需要引用被访者原话，同时声明研究者会遵守保密和自愿原则，访谈的录音仅供研究使用，不会向他人泄露，在书中如果引用访谈原话时也不会出现被访者的姓名。对于受访者提供的信息采取中立和客观的态度，避免研究者主观印象而曲解被访者的感受和想法。每次访谈结束后，研究者及时记录和整理访谈的感想和重点内容，以及下次的注意事项。

（三）资料的整理与分析

内容分析法要求通过熟读受访者的回答，并持续思考该内容与研究主题之间的关系以及所代表的含义，同时在编码处记录下感想与评注，并标出受访者表达的重点及关键字，再将每份访谈稿的内容与位置标注不同的分类编号。编码之后就可以进行核心资料的分析，即"建构类属及概念化"，将主题资料归类后根据所涵盖的内容有意义地赋予一个适当的概念名称。也就是针对摘要内容的主题加以分类、比较、归纳后，将属性相同的编码归类，予以命名。而命名方式可采用既有的理论概念或是研究者自行建构的概念，以形成研究中的主要核心类属（Ericsson 和 Simon，1993）。

因此，访谈结束后，将访谈的录音资料逐字转化成为文字稿，并仔细核查核对以确保转写的文字稿与录音一致。每次访谈时间 30～60 分钟不等，并形成了近万字的笔记。

分析资料时，首先认真阅读原始资料，仔细琢磨原始资料中各概念和想法的意义和相关关系。阅读原始资料时，把自己以往的前设假定和价值判断暂时搁置起来，要资料自己"说话"，并仔细分辨谈话内容中相同和相异之处，自相矛盾的或者重复的内容以及夸大的说法，写下自己的想法和感受。

熟悉资料后，逐行逐句地分析，揣摩被访者的真实意图。首先将资料中有意义的句子圈画出来，并在资料右边空白的地方总结大意，用简练的句子或词语形成资料最初的摘要；然后再回到访谈稿的起点，为捕捉文本中所发现的精华内容，把原始资料和最初的摘要中浮现出来的主题记录在旁边，使最初的摘要转换成简要的词语，将访谈内容提升为较高层次的摘要，使访谈资料更加清晰明确；其次将相互联系的主题集聚到一起，寻找主题之间的联系，形成群聚主题，然后用更高层次的理论概念为群聚后的主题命名，并回到原始资料中再次审查集聚后的主题是否符合被访者的谈话逻辑；最后将抽取主题的原始资料附在后面用于核查和佐证。

我们随机选择了 2/3 的访谈记录（20 份）进行编码分析和模型构建，另外 1/3 的访谈记录（10 份）则留作进行理论饱和度检验。

（四）编码与成文

本书主要采用质性研究中常用的扎根理论这一探索性研究技术，对文本资料进行开放式编码、主轴编码、选择性编码三个步骤来构建消费者对企业环境责任行为的认知与响应模型及其影响因素理论。

质性编码意味着把数据片段贴上标签，同时对每部分数据进行分类、概括和说明。编码至少包括两个主要阶段：①初始阶段，包括为数据的每个词、句子或片段命名；②聚焦和选择阶段，使用最重要的或出现最频繁的初始代码来对大部分数据进行分类、综合、整合和组织。在进行初始编码的时候，要通过挖掘早期的数据来寻找能够进一步指引数据搜集和分析的分析性观念。接下来，通过聚焦编码在一大堆数据中发现和形成最突出的类属（Charmaz，2009）。

在呈现结果时，本书采用类属分析法，以类属作为基本结构，在每个类属下面呈现典型个案和谈话的方式。因为质性研究报告的写作强调对研究对象进行整体性、情境化的、动态的"深描"，描述翔实、缜密，力图把读者带到情境现场。之所以强调对研究对象进行"深描"，是因为质性研究认为研究的结论必须有足够的资料支持。作者在论证自己的研究结论时，必须从原始资料中提取合适的素材，然后对这些素材进行"原汁原味的"、"本源性的"呈现，不需要作者明确地对自己的观点进行阐示（陈向明，2000）。因而，最终成文时大量引用当事人的原话，但在尽量保持原话并有效传递说话人的意图时，由于口头语和书面文字表达不同，对个别重复的语气词和说话顺序进行了编辑。

资料分析过程中采用持续比较的分析思路，不断提炼和修正理论，直至达到理论饱和，即新获取的资料不再对理论构建有新的贡献。

四、结果与分析

（一）企业环境责任行为类型

开放式编码是对原始访谈资料逐字逐句进行编码、标签，以便于从原始资料中产生初始概念、发现概念范畴。为减少研究者个人的偏见和定见或影响，在访谈开始时，采访者就向被访者解释了企业环境责任行为的概念，但没有对该概念的外延进行过多解释，以免被访者被引导，破坏在现实生活中的真实想法。当被要求受访对象凭着自己的直觉列举出尽可能多的他们认为是企业环境责任行为的具体表现时，受访者都能列举出 5～10 项。

进行范畴化时，剔除重复频次极少（少于 2 次）的初始概念，仅选择重复频次在 3 次以上的初始概念见表 3－2。

表 3－2　消费者对企业环境责任行为认知类型开放式编码与范畴

序号	原始语句摘录	范畴
1	·"三废"需经过过滤等措施达到国家标准后才能排出 ·生产废料有回收、处置流程和机制 ·进行无污染的生产活动，减少有害气体的排放 ·在企业生产的同时，注重污水排放处理，以及废弃，垃圾等的处理 ·有害物质不随意排放或收集后处理 ·减少废水废气废渣噪音等排放量 ·对废水、废物处理装置的投入 ·废水废气通过科学技术进行处理，使其尽可能降低对环境的污染 ·企业部分销售产品存在可回收价值的进行回收利用，避免消费者的随意丢弃行为 ·不吝啬在环保设备采购上的投入，将其视为企业发展的正常需求 ·宾馆、酒店、招待所等场所不主动提供免费一次性日用品 ·合理处置废弃物	减少废物量与合理处理废物

序号	原始语句摘录	范畴
2	·能够响应国家节约能源的号召，从小事做起 ·倡导员工随时关灯、关电脑 ·节约用电、用水、用能，提高原材料的使用效率 ·节约资源的使用，提高资源使用效率 ·采用降低能耗的工艺	节约能源
3	·生产可降解的一次性用品 ·产品包装环保 ·不过度包装，安全、简洁、实用就好 ·引进先进的生产技术，进行环保生产 ·生产无公害的产品 ·积极进行绿色产品的研究开发与生产推广 ·生产产品的原材料无毒无害 ·对产品的包装进行改变，做到可持续利用，或者精简包装，降低白色污染 ·使用环保型生产材料 ·提高产品的生命周期	生产、销售环境友好的产品与服务
4	·对环保活动进行物质捐助 ·资助环保类公益基金 ·企业建立绿色基金，参与社区及社会的绿化活动 ·赞助关于保护环境的公益活动	赞助环保公益活动
5	·培养员工环保意识 ·内部行政管理厉行节约，不浪费耗材 ·做好员工教育，把环保低碳融入企业文化 ·积极开展企业、消费者和环保部门的互动，接受社会的环保监督 ·对企业员工进行绿色环境生产方式的教育，提高员工工作中的环保意识 ·加强厂区内部污染物管理，严禁重化物质流出及污染周边地区 ·主动关闭落后产能	自愿采取环境管理措施

续表

序号	原始语句摘录	范畴
6	·组织员工参与环保活动 ·倡导大家环保出行，尽量坐公共交通工具 ·每年在植树节和环境保护日做出实际行动 ·在同行业中大力倡导绿色标准，积极引导行业的绿化发展	发起环保公益活动
7	·使用可再生的资源来代替不可再生的材料的使用 ·开发活动注意保持生态的平衡，珍稀动植物的保护 ·企业利用生物质能进行的发电 ·积极使用可再生能源 ·采用清洁能源	可持续地利用自然资源
8	·建立环境问题应急小组，第一时间处理和解决产品及生产过程中存在的环境问题 ·在企业厂区周边修建绿化带，减少企业粉尘和噪声及其他地区的影响 ·积极采取措施尽力避免在生产、消费、再生产过程中对环境的污染 ·对意外发生的污染事故进行积极补救 ·缴纳排污费	恢复与补偿对环境的损害
9	·包装上印有垃圾分类提示 ·在销售宣传中，告诉消费者节能措施 ·在产品上标注绿色声明，提醒消费者消费时的环保行动和意识	宣传普及环境知识
10	·公开公司的环境信息，接受监督和审查 ·在公司网站公布相关环境信息	告知公众相关环境信息

通过对受访者表述各异的归类，并借鉴环境责任经济联盟（CERES）和加拿大环境污染调查组织的分类方法，总结出10个消费者能够识别的企业环境责任行为类别范畴。分别是：减少废物量与合理处理废物，节约能源，生产、销售环境友好的产品与服务，赞助环保公益活动，自愿采取环境管理措施，发起环保公益活动，可持续地利用自然资源，恢复与补偿对环境的损害，宣传普及环境知识，告知公众相关环境信息。

（二）消费者关注企业环境责任行为的商品类别

通过调查消费者在购买何种商品或服务时会关注企业环境责任行为，来解读消费者关注企业环境责任行为的原因。访谈中列举了消费者在日常生活中经常接触的 12 类商品与服务，允许答题者进行多项选择。经整理统计分析，消费者购买商品或服务类别与关注企业环保责任的人数比例依次为：食品 76.81%，药品和装修建材 61.84%，日化产品 57.49%，餐饮服务 53.14%，汽车 36.71，大家电 36.23%，玩具 29.47%，服装鞋帽 21.74%，低于 20% 为小电器、办公用品等（如图 3 - 1 所示）。

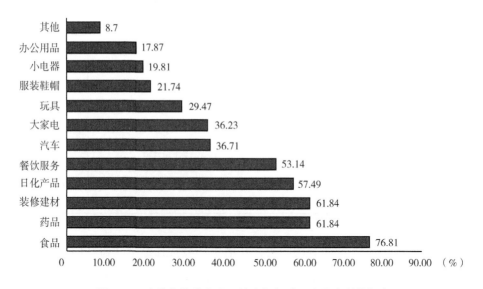

图 3 - 1　消费者关注企业环境责任与购买商品类别的频率

从企业和责任与商品类别的关联的统计结果来看，食品、药品和日化用品属于价格不高的快速消费品，装修建材属于不经常购买商品，汽车和大家电属于价值较高不经常购买的耐用消费品。按以往的营销理论的观点，消费者在购买价值较高的耐用消费品时卷入度更高，搜寻相关商品信息量越大，关注企业环境责任行为方面的可能性就越大，然而调查的结果显示，人们在购买食品、药品和日化用品这类价格不高的快速消费品时，更可能关注企业环境责任行为，这说明企业环境责任与商品类别之间的关联，还有其他的分类标准。

在购买商品或服务时，会令半数以上消费者关注企业环保责任的商品或服务类别是食品、药品、装修建材、日化用品和餐饮服务，这些类型的商品都与消费者自身健康安全直接相关。因此，可以推断，当消费者意识到自己的自身健康安全可能受到威胁时，才会在购买商品时关注企业环境责任问题。

（三）影响消费者关注企业环境责任行为的因素

1. 范畴抽取

在访谈中，当问及：如果您作为一名普通的消费者在购买和使用产品时，是否关注过您刚才谈到的这些企业环境责任行为，极少有人回答"经常"，大多数人的回答是"偶尔"，也有少数人回答"没想过"。参考 Andreasen (1995) 的研究，根据消费者日常购买中对企业环境责任行为的关注程度分为三类，第一类属于不关注者，其主要判断语句为："在平时购物时，并不在意企业是否注重环保，我主要以质量、价格和便利性为购物标准，一般不会考虑这个因素。"第二类为有时关注者，其典型判断语句为："我认为企业应该承担环保责任，在平时购物时，我偶尔会关注此类信息，会将这方面因素作为一个考虑因素。"第三类为经常关注者，其典型判断语句为："我认为企业应该承担环保责任，但在平时购物时，我比较关注此类信息，经常会将这方面信息作为一个考虑因素。"继续问及其原因等问题时，典型的几种回答摘录见表 3-3。

表 3-3　影响消费者响应企业环境责任行为因素的典型访谈摘录

访谈摘录	编码
经常关注者: (被访者 06) 　　现在各种关于环境恶化、全球变暖、珍稀动植物濒临灭绝的报道也比较多,我自己能明显感觉到的是天总是灰蒙蒙的,和国外的空气质量相比明显差了很多,加之现在部分中国人信仰缺失,国内不少企业缺乏社会责任感,所以我在买东西时,尽量买进口的,哪怕是欧美品牌中国造的产品,实在不行国内大品牌也行。有时候光看商品和包装也不好辨别,那就只好找外围线索,你问到的企业环境责任也就成了我判断商品好坏的线索之一。有环境责任行为的企业说明他们还有点良心,产品相对比那些不作为的企业应该值得信赖点。所以我还是比较关注企业环境责任行为的。 (被访者 07) 　　作为一名医生,在工作时看到不少得奇怪病的人,中间有不少人的病和现在空气、水、土壤严重污染有关系,所以我平时生活中还比较注意选择污染小的食物、建材和一些生活用品,但这些东西真实情况怎样,我也搞不太清楚。有时候看价钱,看品牌,相对来说大品牌、价格高点,应该好点吧。有时候也看看包装和一些标签,像绿色食品、有机、能效标、零醛等,虽然有时候这些东西也不一定是真实的,但也没办法,只能凭着感觉走。相对来说,那些开始注重环保的企业好歹说明他们对消费者有一个负责任的态度,应该比那些没做的企业让人感觉可信点。	认知到环境问题 不安全感 质量判断信号 产生信任 认知到环境问题 购买利己产品 品质信号 产生信任

访谈摘录	编码
偶尔关注者： （被访者01） 　　我自己从事水资源环境保护方面的研究，生活中我还是比较注意节约用水、用电，也会教育我的孩子和学生养成节约能源的习惯，也不是缺钱，主要因为自己研究这个问题，知道能源的稀缺性。但是，如果我作为一个普通的消费者，在购买和使用商品时，还真没仔细考虑过企业环境责任的问题，除非是这个企业破坏环境在媒体上被曝光了，那我就肯定不会买，如果买了这种企业的东西就是对"恶"的纵容和鼓励，也会威胁我未来的利益。 　　我买东西一般看看式样和款式、看看包装，有时候也听听亲戚朋友推荐，如果经常买的东西，看着价格合适，直接到商场买回来就是了，也没想太多。只有当购买价值比较高的、使用时间较长的耐用消费品时，我会认真考虑一下，但毕竟决策信息不是完全对称的，所以在购买时也是凭着印象来。而企业环境责任行为有很多种类型，不同类型的责任行为对我的影响是不同的，有的可能会直接影响我对质量的判断，因为对环境负责任的企业，有长远经营的打算，可能对产品质量的控制应该会比与不负责任或没有这类行为的企业要好一些；而有的企业环境责任行为要得到我的支持，说明这能代表我的价值观和社会好公民的形象。 （被访者02） 　　我搞绿色消费研究，有时也很困惑。什么是真正绿色的产品，哪个企业更环保，但作为一个消费者，虽然可以通过一些认证标识来辨别，但我不可能对所有商品都了解得那么清楚，大多数时间我也没办法解答。 　　虽然，平时我很关注各种关于企业环境责任的相关信息，我去购买和使用商品的时候也会关注一下这方面的信息，但不会总是去关注，那样太累。购买和使用商品，我主要看重的还是商品本身的使用价值，性价比才是我主要考虑的问题。当然，如果企业环境责任行为能作为一个表明它质量的信号，那我就会关注。 （被访者14） 　　目前的环境污染问题太严重了。有时候学校社团会组织一些类似"爱护环境，人人有责"的活动。所以，我们一起玩的同学平时开始重视从小事做起，例如做一些节约资源、不浪费、不做破坏环境的事，等等，希望通过自己的努力能够感染身边更多的人来关注环境问题。但我们平时买的东西不多，主要是一些食品和日常生活用品，在我购买的时候，因为企业环境责任问题离我稍远了点，所以也不会经常去想这个问题，但是对那些污染环境企业的产品我们肯定是坚决抵制的。	环境知识 环保意识 社会责任感 未来利益威胁 购买决策时喜欢"走捷径" 质量判断 群体认同 环境知识模糊 偏好认知"捷径" 关注性价比 质量信号 有环保意识 社会规范约束 群体压力 感知效力较弱

访谈摘录	编码
不关注者： （被访者03） 我在购买商品的时候，不会因为企业履行环境责任的好坏影响我的购买。就如同中石化油管爆炸漏油污染环境不会影响我去中石化加油站加油。我关注产品的质量安全问题，因为这会直接影响我的生存状态，而企业的环境责任行为没那么直接，除非企业的排污影响到了我呼吸的空气，或者从我住的房前的河流过，那我就会关注了。 （被访者08） 自己购买商品时，没有太关注过这个问题，但是当媒体对某些企业进行环境污染有所报道时，会对该企业感到反感。 我对这方面关注不是很多。一部分原因是企业有时候对自己的环境行为是虚假宣传，可信度感觉不高；另一部分原因是企业对自己环境责任行为的宣传不到位，我也不知道。	非直接威胁 关注近期利益 不信任 未接收到直接信息

从以上访谈摘录中，可以归纳出以下几点：

（1）感知环境恶化给自身的健康和安全带来的威胁，促使消费者关注企业环境责任行为。他们把企业环境责任行为作为识别产品是否安全的购买信号，但这种信号一旦得到消费者信任后，将极有可能促使消费者做出购买决策。

消费者的社会责任感和社会规范也会促使消费者对企业环境责任行为做出积极的响应。因为企业环境责任行为本身是符合社会道德规范的，对这种社会道德规范的顺从与响应，也表明个人是符合这种规范的要求，容易获得群体内成员的认同。

环境问题的感知效力也可能会影响消费者的购买决策。这一观点也得到以往学者的证实。Balder（1988）的研究发现，消费者的个人特质和绿色消费行为有显著的相关性，对环境保护态度越正向者，具有较高的内控信念，在消费行为表现上越会考量环保问题。Roberts（1996）研究发现自我效能对绿色消费行为的预测力高于关心环保程度，也就是说，关心环保者自认为有能力改变环境的信念时，他们会从相关的行为中表现出来。

（2）而对于那些偶尔关注的消费者中，不乏一些既有环境意识，又有环境知识的群体，也许正如 Peattie（2000）解释的那样，环境知识既可能提高消费者的亲环境行为，也可能会增加他们对环境责任行为有效性和真实性的怀疑，从而不会做出过多的响应。

（3）漠视企业环境责任行为的消费者：①没有直接感受到环境问题给自己造成的风险。因为根据认知心理学中选择性注意的后选择模型，信息的重要性源于许多方面，不仅取决于信息内容的重要性，而且还与人的觉醒状态密切相关，如果某人处于高觉醒状态，即使是次要的信息，也会被大脑控制加工，所以，当环境问题的严重性未刺激消费者进入高觉醒状态，消费者就不会在购买决策时，将企业环境责任行为这类次要信息进行加工处理。②过多的负面报道，致使消费者对企业的责任行为不信任。③企业的沟通方式没有与消费者的价值观、目标或需求一致。同样，根据选择性注意理论，人们在信息加工时，更容易注意那些与自己价值观、目标或需求相一致的信息。因此，当企业沟通方式与消费者的价值观、目标或需求不一致时，消费者在海量信息中忽略它们，或是以抵制的方式来平衡不协调感。

通过开放式登录，按表3-3列举的开放编码方式，对访谈原始资料进行概念化和范畴化，得出影响消费者响应企业环境责任行为的各因素。下面是对访谈整理后归纳的概念与范畴见表3-4。

表3-4　开放式编码的概念与范畴

初始概念	范畴化
环境威胁感强烈 环境问题严重性感知不够 未意识到环境问题的直接威胁	环境问题认知

初始概念	范畴化
行动指南知识不足 环保知识普及率低 环保消费知识模糊	环境知识
大多数人注重环保才有用 个人的力量很难改变环境问题 即使关注企业环境责任问题也不起什么作用	自我感知效力
不费事、费时的事会配合 图方便 怕麻烦	便利程度
购买利己产品时愿意支付高价 更关注性价比 不能判断企业环境责任行为是否能带来经济效益	经济利益
常买常用的东西不会想太多 很难改变个人生活习惯 凭以往经验购物	消费习惯
避免不合群 避免他人负面评价	群体压力
希望能影响他人 对企业环保行为的认同也是对自己的认同 好公民应该爱环保	社会认同
品质判断的信号之一 有环保行为的企业能力应该强些	企业实力
大量负面报道让人很难相信企业 爱环保的企业可能好些	企业善意

（4）主轴编码。主轴编码的任务是发现范畴之间潜在的逻辑关系，发展主范畴和副范畴。根据不同范畴在概念层次上的相互关系和逻辑次序进行归类，共归纳出三个主范畴。各主范畴及其对应的开放式编码范畴见表 3-5。

表 3 - 5 主轴编码形成的主范畴

主范畴	对应范畴	关系的内涵
心理意识	环境问题认知	消费者对环境问题严重性与个人健康和生存相关性的认知会影响其心理意识
	消费知识	消费者环保消费知识和环保行动知识会影响其心理意识
	自我感知效力	消费者对环保行为效果大小、重要性的认知会影响其心理意识
实施成本	便利程度	消费者认知与响应企业环境责任行为的便利程度影响其心理成本
	经济利益	消费者对付出财物的成本收益比较影响最终的消费行为
	消费习惯	消费习惯和生活习惯影响消费者响应的心理成本
规范感知	群体压力	群体压力和社会评价会导致消费者行为趋向社会规范的要求
	社会认同	为求得自己愿意归属的社会群体的认同消费者行为趋向社会规范的要求
信任	企业能力	消费者通过非直接的商品信息增加对企业能力的信任
	企业善意	消费者通过非直接的商品信息增加对企业善意的信任

2. 选择性编码

选择性编码是从主范畴中发掘核心范畴，分析核心范畴和主范畴及其他范畴的关系。本书综合 Ajzen（1985）的计划行为理论、健康管理中的"知信行"理论和 Hines 等人（1986）的负责任的环境行为理论，推导出主范畴关系结构（如图 3 - 2 所示）。

本书构建和发展出消费者对企业环境责任行为的认知与响应的影响因素及其作用机制模型，也可简称为"意识—情境—行为"模型。当消费者对环境问题有一定意识时，就会主动感知企业的环境责任行为，并对该行为进行判断是否值得信任，如果消费者对企业的能力和企业的善意产生信任，最终才可能积极响应企业环境责任行为，并转化为企业所期望的购买行动。

确定"消费者对企业环境责任行为的认知与响应的影响因素及其作用机制"为核心范畴，围绕核心范畴心理意识、规范感知和实施成本这三个主范畴对消费者响应企业环境责任行为存在影响。其中，消费者的心理意识是内驱因素，它决定了消费者是否会对企业环境责任行为做出积极的响应行动；而消费者的规范感知和实施成本情境则调节意识到最终行动之间的联系（如图 3-2 所示）。

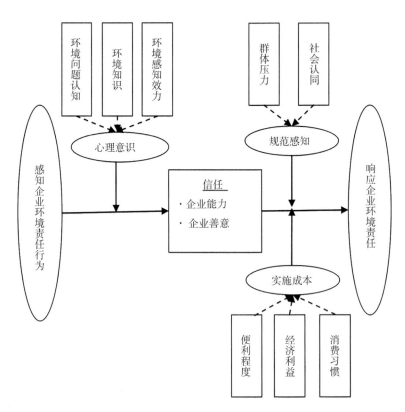

**图 3-2　"消费者对企业环境责任行为的认知与响应的
影响因素及其作用机制"整合模型**

（四）理论饱和度检验

本书用另外 1/3 的访谈记录进行理论饱和度检验。结果显示，模型中的范畴已饱和，对影响消费者响应三个主范畴（心理意识、实施成本、社会规范）均未有新的重要范畴和关系，三个主范畴内部没有新的构成因子。因此可以认为，上述"态度—情境—行为"整合模型在理论上是饱和的。

五、研究结果与讨论

通过本章研究，基本勾勒出消费者心目中的企业环境责任行为认知类型，大致有十类：①减少废物量与合理处理废物；②节省能源；③生产和销售环境友好的产品与服务；④赞助环保公益活动；⑤自愿采取环境管理措施；⑥发起环保公益活动；⑦可持续地利用自然资源；⑧恢复与补偿对环境的损害；⑨宣传普及环境知识；⑩告知公众相关环境信息。但是，不是每个消费者都能认知到这些类型，尤其是后两类，也只有少部分消费者能在第一时间想到。

消费者一般在购买直接影响自身健康和利益的产品和服务时，才会主动感知企业的环境责任行为。这与以往学者们研究的消费者感知企业的社会责任更多地出于一种道义和社会规范有很大的区别。

根据认知心理的解释过程理论，消费者对某些社会问题的解释主要有两种：一种是归因法解释；另一种是图式法解释（金盛华，2010）。在深度访谈过程中，发现消费者对与企业环境责任问题的认知大多采用图式法，由于人们处理信息能力有限，必须对信息进行选择和过滤，以保证将有限的注意资源分配到与当前行为更加密切相关的刺激上，对于没有对自己近期利益产生直接影响的企业环境责任问题，人们只愿意采用花费最小的办法来解决或回答这个社会问题，这时大多数消费成了"吝啬的认知者"；而不是像归因法研究者那样把人看作是"天生的科学家"。那么这个"简洁"的认知图式到底包含在怎样的维度中还需进一步辨识。

此外，从消费者的陈述中，归纳出消费者会对企业环境责任行为做出响应的原因主要有三种类型：①感觉到环境问题给自己的生存造成了威胁；②企业环境责任行为作为某种质量信号给消费者传达了消费信心；③响应企业环境责任行为的消费者认为这样做会提升消费者的群体认同，也就是消费者的主观规范在潜意识中影响了他们积极响应的行为。

因此，不会对企业环境责任行为认知与响应的原因也有三种类型：①没有直接感受到环境问题给自己造成的风险；②过多的负面报道，致使消费者对行为企业的不信任；③企业的沟通方式没有与消费者的价值观、目标或需求一致。

第四章 消费者对企业环境责任行为的认知维度研究

在第二章的文献回顾和第三章的质性研究中，已知企业环境责任行为有很多种。那么，消费者是否对不同类型的企业环境责任行为存在认知差异，有没有必要将企业环境责任行为分为几种类型来研究消费者的响应，从消费者的角度进行分类的依据和内在的过程是什么？在研究初期的访谈中发现，一般的消费者对企业环境责任行为极少关注，对该概念的认知也非常模糊。大多数消费者在企业环境责任问题上的认知多是"吝啬的认知者"，在购买决策时，一般喜欢走认知"捷径"，他们做出购买决策时更多的依据商品的属性、价格信息，而不会花大量的时间去考虑企业环境责任的问题，更不会通过仔细考虑后，分辨出第三章归纳出的十种能感知到的企业环境责任行为。那么，消费者如何通过更快捷的方式来进行辨别判断？

本章将探讨消费者对于各企业环境责任行为的认知图式和评价维度，从而揭示消费者对环境责任行为的分类依据和内在过程，为进一步深入研究消费者对企业环境责任行为响应的机理奠定基础。

一、消费者对企业环境责任行为的认知维度分析

(一) 研究方法

为更贴近消费者在购买时的真实想法和分析过程，选用心理学和营销学常用的多维尺度法（Multidimensional Scaling Method，MSM）对该问题进行研究。

多维尺度法是将研究对象或变量从多维简化到低维进行定位、分析和归类，但又保留对象或变量间原始关系的一种数据分析方法。它可根据被试对象做出的一组相互关联程度或称接近程度的数据，来推导出被试对象心理表征的直观图式。这种方法被人文和社会科学广泛采用来探讨人们对一些事物或现象潜在的认知图式。

多维尺度分析法常根据事或物彼此间的相似关系将各事或物用点的形式安排在一个多维空间中，越相似的事物，两点间的距离越近；而相异的两事物，两点所处的距离越远。这些点所在的空间被称为 Euclidean 空间，它既可以是二维的，也可以是三维的或更多维的。各类企业环境责任行为在人们的认知中并非毫无秩序的散布，而是按照某种潜在的结构关系存在。为了揭示这种潜在的结构关系，本书采用多维尺度分析这种直观的方法显示出来。

与其他的多元统计分析方法相同，多维尺度分析的首要任务是对所研究的问题做出清晰准确的界定。再确定获得数据的适宜方式，并选择用于数据分析的具体过程。此外，还要决定空间的维数，通常情况，维数越多，包含的信息量就大；维数越少，则更方便数据分析。因此，需要确定既能包含大

部分信息，又方便分析的适度维数。在确定了空间的维数之后，需要准确的为构筑空间的坐标轴命名，并能解释整个空间结构的分布特点。最后评估所用方法的可靠性和有效性。

为了验证理论模型和实际观察数据是否吻合，多维尺度分析有两个衡量指标：RSQ 和 Stress。RSQ 的值越接近 1，表明理论模型与数据拟合得越好。而 Stress 取值在 0～1 之间，数值越小说明拟合得越好，如果数值大于 0.2，说明模型拟合不良；数值在 0.1～0.2 之间，说明模型拟合尚可；数值在 0.05～0.1 之间，说明模型拟合良好；数值小于 0.05，说明模型拟合很好（李爱梅，2007）。

（二）　多维尺度分析量表编制

为了揭示中国消费者对各类企业环境责任行为的认知图示，本书在第三章质性研究的基础上，归纳出 10 种典型的企业环境责任行为：①可持续地利用自然资源；②减少废物量与合理处理废物；③节约能源；④生产、销售环境友好的产品与服务；⑤恢复与补偿对环境的损害；⑥发起环保公益活动；⑦赞助环保公益活动；⑧自愿采取环境管理措施；⑨告知公众相关环境信息；⑩宣传普及环境知识。将这 10 种环境责任行为进行两两配对比较，共有 45 种（n（n-1）/2）配对比较问题。并要求被试在 Likert 5 点量表上分别判断不同企业环境责任行为的异同程度，其中，认为完全相同的为 1，比较相同的为 2，说不准的为 3，比较不同的为 4，完全不同的为 5。数值越小，两种行为之间的差距越小，在多维尺度空间上的距离越近；数值越大，两种行为之间的差距越大，在图式上所表现的差距越大（测验材料见附录 2）。

（三）　研究样本

对全国 9 个省、自治区和直辖市的 500 名被试发放问卷，收回有效问卷

396 份，回收率为79%。396 名有效被试的人口统计学特征见表1。被试样本的性别、年龄、教育水平和收入状况的分布基本具有代表性见表4-1。

表4-1　有效被试的人口统计学特征一览表

属 性	类 别	数 量（名）	百分比（%）
性别	男	172	43.43
	女	224	56.57
年龄	20 岁以下	52	13.13
	21～30 岁	106	26.77
	31～40 岁	89	22.47
	41～50 岁	83	20.96
	51 岁以上	66	16.67
教育水平	高中及以下	57	14.39
	大学	253	63.89
	硕士及以上	86	21.72
收入状况（月收入）	1000 元以下	11	2.78
	1000～3000 元	167	42.18
	3000～5000 元	156	39.39
	5000～10000 元	53	13.38
	10000 元以上	9	2.27

（四）数据处理

采用 SPSS 17.0 进行数据的统计和分析。

（五）多维尺度分析结果

为了解被试者对企业环境责任行为的认知图式，首先分别计算出 392 个样本的两两对比的均值，再将两两配对比较所得均值计入一个 10×10 的矩阵中，形成十种行为相似度评分矩阵，矩阵中同一行为的配比计为 0，其他计入对角线下相应的下半部分，然后运用 SPSS 软件进行多维尺度分析见表 4 - 2。

表 4 - 2　消费者对各企业环境责任行为认知配对比较均值表

	Q1	Q2	Q3	Q4	Q5	Q6	Q7	Q8	Q9	Q10
Q1	0	—	—	—	—	—	—	—	—	—
Q2	3.00	0	—	—	—	—	—	—	—	—
Q3	2.66	2.58	0	—	—	—	—	—	—	—
Q4	2.66	2.80	2.72	0	—	—	—	—	—	—
Q5	3.23	2.77	3.14	2.99	0	—	—	—	—	—
Q6	3.00	2.89	2.03	2.80	2.70	0	—	—	—	—
Q7	3.25	3.15	3.11	2.87	2.84	2.54	0	—	—	—
Q8	2.78	2.77	2.76	2.59	2.56	2.42	2.63	0	—	—
Q9	3.22	3.25	3.13	3.10	2.96	2.46	2.70	2.82	0	—
Q10	3.09	3.19	3.12	2.89	2.85	2.34	2.55	2.69	2.22	0

注：Q1 为可持续地利用自然资源；Q2 为减少废物量与合理处理废物；Q3 为节约能源；Q4 为生产、销售环境友好的产品与服务；Q5 为恢复与补偿对环境的损害；Q6 为发起环保公益活动；Q7 为赞助环保公益活动；Q8 为自愿采取环境管理措施；Q9 为告知公众相关环境信息；Q10 为宣传普及环境知识。

通过计算，当维度数为 2 时，Stress 值为 0.09844，与此同时，RSQ 值达到 0.89716。这说明：二维空间可以较好地反映全体被试者对企业环境责任行为的认知。十种行为在二维空间上对应坐标见表 4 - 3。

表 4 - 3　消费者对企业环境责任行为的认知坐标

	企业环境责任行为	维度 1	维度 2
Q1	可持续地利用自然资源	1.5363	- 1.2490
Q2	减少废物量与合理处理废物	1.3645	1.2096

企业环境责任行为		维度 1	维度 2
Q3	节约能源	1.2299	− 0.2729
Q4	生产、销售环境友好的产品与服务	1.0574	− 0.3308
Q5	恢复与补偿对环境的损害	− 0.4662	1.5445
Q6	发起环保公益活动	− 0.4866	− 0.0184
Q7	赞助环保公益活动	− 1.3985	0.3797
Q8	自愿采取环境管理措施	0.0067	0.0551
Q9	告知公众相关环境信息	− 1.5979	− 0.5485
Q10	宣传普及环境知识	− 1.2456	− 0.7692

从认知图谱发现：这十种企业环境责任行为分别处于不同的空间象限。其中 Q1（可持续地利用自然资源）、Q3（节约能源）和 Q4（生产、销售环境友好的产品与服务）空间距离较近，Q6（发起环保公益活动）和 Q8（自愿采取环境管理措施）较近，Q7（赞助环保公益活动）、Q9（告知公众相关环境信息）和 Q10（宣传普及环境知识）空间距离较近，这说明某些行为在消费者内心有较相似的内涵和特征，而 Q2（减少废物量与合理处理废物）和 Q5（恢复与补偿对环境的损害）相对距离较远，与其他行为有较大的差异。

从维度 1 的角度分析，数轴右面的行为主要有 Q1（可持续地利用自然资源）、Q2（减少废物量与合理处理废物）、Q3（节约能源）和 Q4（生产、销售环境友好的产品与服务），这些行为与企业的生产和主营业务密切相关。而数轴左边的行为 Q9（告知公众相关环境信息）、Q7（赞助环保公益活动）和 Q10（宣传普及环境知识），这些与生产和主营业务关联性小。

从维度 2 的角度分析，数轴下方的行为主要有 Q1（可持续地利用自然资源）、Q10（宣传普及环境知识）和 Q9（告知公众相关环境信息）偏向于事先、主动地采取有利环境的措施，而数轴上方的行为主要有 Q2（减少废物量与合理处理废物）和 Q5（恢复与补偿对环境的损害）偏向于污染出现后、被动地采取相应的补救措施（如图 4 - 1 所示）。

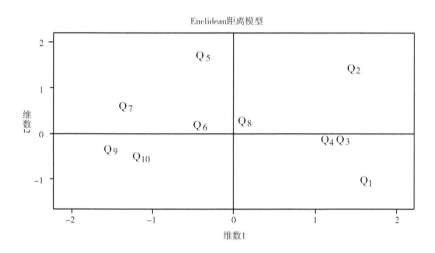

图 4 - 1 消费者对企业环境责任行为的认知图谱

据此，提出研究假设：消费者对企业环境责任行为的评判主要有两个维度：①与生产和主营业务直接相关的行为——与生产和主营业务间接相关的行为；②主动预防的行为——被动补救的行为。

二、消费者对企业环境责任行为的认知维度验证

（一）研究方法

在分析出消费者对企业环境责任行为的认知图式后，为了进一步验证多维尺度分析后对认知维度的分类是否正确，以及消费者内心是如何区分这十

种行为差异的，可以根据语义差异问卷调查收集的数据，利用消费者对不同维度上的评价平均值绘制了二维空间图。

语义差异量表又叫语义分化量表，它由美国心理学家 Osgood 等人 (1957) 发展的一种态度测量技术，是一次性集中测量被测试者所理解的某个单词或概念含义的测量手段。该方法被广泛用于比较个人及群体间的差异，以及人们对周围事物或环境的态度和看法的研究等。量表的测量题项中，包含一系列形容词和它们的反义词，在每一个形容词与对应的反义词之间有约 7～11 个区间，被试者对观念、事物或人的感觉可以通过所选择的两个相反形容词之间的区间反映出来。

（二） 语义差异量表编制

根据多维尺度分析的结果，找出两组意思相反的形容词，来描述消费者对企业环境责任行为是如何分类的，再在中间给出 1～9 个数值，让消费者判断，这十种行为更偏向于哪一方。从而进一步验证用多维尺度法归纳出的消费者对企业环境责任行为的判断标准。

从多维尺度分析结果看，被试判断企业环境责任行为主要有两个维度：①与生产和主营业务直接相关的行为——与生产和主营业务间接相关的行为；②主动预防的行为——被动补救的行为（测验材料见附录 3）。

（三） 语义差异调查样本

语义差异研究为验证多维尺度分析结果的可靠性和外部效度，所以，另外选取了 120 名 MBA 学员和 80 名被培训企业员工来完成语义差异量表，被试样本对上述企业环境责任行为都有所认知，能较好的理解各题的意思。共发放 200 份问卷，回收 186 份有效问卷，回收率 93%。

（四）语义差异分析结果

为了进一步探讨消费者在内心是如何区分企业环境责任行为的，本书根据"语义差异问卷"调查收集的数据，利用消费者对各个行为在不同维度上的评价平均值绘制了二维空间图，表4-4就是被试在"间接相关—直接相关"维度和"主动—被动"两个维度的评价平均值。"间接相关—直接相关"维度的数值越小说明企业环境责任行为与生产关联性越不直接，越大说明与生产越直接相关；而"主动—被动"维度的数值越小说明企业环境责任行为越主动，越大说明该行为越被动（见表4-4）。

表4-4　企业环境责任行为在两个维度的评分平均值（N=392）

企业环境责任行为	间接的—直接的	主动—被动
1. 可持续地利用自然资源	6.33	3.43
2. 减量与处理废物	6.31	6.43
3. 节约能源	5.81	3.93
4. 生产、销售环境友好的产品和服务	6.11	3.84
5. 恢复、补偿对环境的损害	4.37	7.09
6. 发起环境公益活动	3.98	4.52
7. 赞助环境公益活动	4	4.63
8. 自愿采取环境管理措施	4.32	3.66
9. 告知公众相关环境信息	3.82	3.64
10. 宣传、普及环境知识	3.7	3.45

表4-4中"间接相关—直接相关"维度中最小值为3.7，最大值为6.33，最大值与最小值的最大差距为2.63，最小值与中位数5的差距为1.3，最大值与中位数5的差距为1.33；"主动—被动"维度中最小值为3.43，最小值为7.09，最大值与最小值的最大差距为3.66，最小值与中位数5的差距为1.57，最大值与中位数5的差距为2.09。因此，可以认为消费者对企业环

境责任行为的判断主要依据"被动—主动"维度进行，其次才是"间接—直接"维度。

图4-2是根据被试对企业环境责任行为的10个项目的评分平均值绘制的二维评价表。结果发现，采用多维尺度法得出的图4-1与采用语义差异法得出的图4-2有极大的相似之处。由此推断，在图4-1消费者对企业环境责任行为认知图谱的两个维度就是图4-2的两个维度。

从消费者对企业环境责任行为的认知图谱和消费者对企业环境责任行为的二维评价图两个图的分布点看Q1、Q3和Q4比较接近，Q6、Q7、Q8、Q9和Q10比较接近，而Q2和Q5与其他行为的消费者感知空间距离较远。说明消费者对企业环境责任行为的心理分类大致可分为四类：可持续地利用自然资源、节约能源和生产、销售环境友好的产品和服务属于与生产经营直接相关的主动环境责任行为；发起环境公益活动、赞助环境公益活动、自愿采取环境管理措施、告知公众相关环境信息和宣传、普及环境知识属于主动的间接的环境责任行为；减量与处理废物属于直接的被动环境责任行为；而恢复、补偿对环境的损害属于间接的被动环境责任行为（如图4-2所示）。

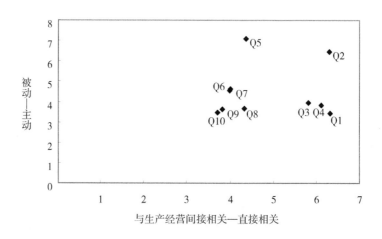

图4-2 消费者对企业环境责任行为的二维评价图

就此，通过本书得出结论：假设 1 得到支持，即消费者对企业环境责任行为的评判主要有两个维度，一是"与生产经营直接相关—与生产经营间接相关"行为；二是"主动预防—被动补救"行为。

三、研究结果与讨论

经过以上分析，可以看出，消费者对企业环境责任行为的判断是遵循一定的内隐规则，这些规则反映了消费者对企业环境责任行为分类的内在过程以及评价维度。

从多维语义和语义差异量表测得的结果综合分析，可以得出：消费者对企业环境责任的判断主要依据企业采取此类行动的动机，既是主动预防性的行动还是被动补救性的行动；而是否与生产经营直接相关或间接相关的归因会作为消费者评判的第二维度。也就是说，这两个认知维度下的四类企业环境责任行为在消费者心目中存在认知差异。

那么，主动和被动的企业环境责任行为对消费者的企业评价、产品评价和购买意向会产生怎样的影响，他们的影响程度是否存在差异？同样，与生产经营直接相关和与生产经营间接相关的企业环境责任行为对消费者的企业评价、产品评价和购买意向会产生怎样的影响，他们的影响程度是否存在差异？这两个主因素之间是否会产生交互作用？因此，企业采取哪一类环境责任行为才能真正打动消费者的心，并得到消费者的认同，它们又是怎样影响消费者响应的，还有待下一步深入研究。

第五章 不同类型企业环境责任行为对消费者响应的影响

一、问题的提出

从第四章的研究可知，消费者认知企业环境责任行为主要从"与生产经营直接相关—与生产经营间接相关"和"主动预防—被动补救"两个维度进行判断。那么这两个认知维度下的四种不同类型的企业环境责任行为会对消费者的响应——购买意愿产生怎样的影响？根据消费行为学"S-O-R"模型的观点，在不同类型的企业环境责任行为刺激下，到消费者最终产生购买反应之间，消费者内心会有一系列的心理活动，包括需求认知、信息搜索和方案评估，但这一系列活动不一定能形成积极的购买意愿，那么，在企业环境责任行为和消费者积极响应之间起关键中介作用的变量是什么，现有研究并没有给出明确的答案。

我们试图通过目前研究成果并与企业环境责任对消费者响应作用机理相近的企业伦理和企业社会责任等方面的已有研究进行梳理，找出最符合企业环境责任与消费者响应特点的中介变量。Rafael 等人（2009）认为企业社会责任首先通过品牌声誉影响品牌吸引力，进而影响消费者的企业认同，而消费者企业认同又通过品牌态度最终影响购买意向。企业社会责任到购买意向中间涉及的变量较多，有品牌声誉、品牌吸引力、企业认同等，各变量之间又似乎存在某种联系，那就是消费者产生对企业或是产品的信任。而 Andrea等人（2011）的研究认为可感知的企业财务绩效能影响可感知的企业社会责任，并反过来影响企业信誉、消费者信任和忠诚，又通过消费者信任和忠诚降低消费者在购买和使用产品时的感知风险来影响购买行为。此外，Sen 和 Bhattacharya（2001）的实证表明企业能力在企业社会责任行为影响消费者满意度中起到关键性的作用，他们认为低创新能力的企业实施企业社会责任反而向消费者传递一种企业战略选择错误的消极信号，从而导致消费者负面购买意向甚至对企业和产品进行抵制。Guido Berens（2007）研究发现对于股票偏好的企业，好的企业社会责任行为能弥补企业能力的不足，从而增加消费者信任和购买意图。

综合学者在企业社会责任的研究，以及通过前面第三章质性研究得出的结论，我们可以推断出信任在企业环境责任行为和消费者购买意愿之间起到了关键的作用。

在本书中，我们根据第四章的研究结果，将消费者认知的企业环境责任行为分为两个维度四种类型，为表述方便，现将维度1——"主动预防—被动补救"企业环境责任行为简化表述为功能性环境责任行为；维度2——"与生产经营直接相关—与生产经营间接相关"的企业环境责任行为简称为生产经营关联性环境责任行为。在这两个维度下的四类环境责任行为分别为：与生产经营直接相关的主动的、与生产经营间接相关的主动的、与生产经营直接相关被动的、与生产经营间接相关的被动的企业环境责任行为。期望通过对比研究，检验在这四类环境责任行为的刺激下，对消费者的信任和最终的购买是否有相同的影响程度和作用机制。

二、研究假设

Holbrook 和 Hirschman（1982）认为个体的消费者响应不仅包括对外部刺激进行感官上的编码，还包括根据个人情况产生多感觉的想象，即认知—影响—行为。本书消费者响应指消费者对企业经营管理行为产生的反应，也就是企业经营管理行为对消费者心理和行为产生的影响。而英国专门从事绿色消费方面研究的专家 Peattie（2001）认为，大多数的消费者在不改变他们现有生活方式或使用、处置方式的情况下，还是愿意采取绿色购买行为，一般的消费者只有在购买时才表现得更"绿色"，且消费者的最终购买行为不容易控制其他因素的干扰，所以在本书中只考虑消费者内部的响应——信任和购买意愿作为企业环境责任行为的因变量。

（一）企业环境责任行为与消费者信任

信任在人们社会交往和经济交往的不确定和相互依赖中扮演着重要的角色。学者们从经济学、管理学、心理学和社会学等领域对信任的定义、产生机制和信任结果进行了大量的研究。信任的定义至今尚未有统一，例如，Giffin（1967）认为信任就是在风险性环境下，施信方为实现不确定的预期目标，而对受信方行为的信赖。Lagace 和 Marshall（1994）就认为，信任是个体对其他个体未来行动中存在偶然可能损失的接受程度。而 Augstin 和 Singh（2005）认为，信任是顾客过去的消费经验和多渠道信息在顾客认知结构和情感状态中的综合反映。要研究信任，可借用 Zaltman（1993）提出的概念来阐释："信任是愿意依靠一个使人有信心的交易伙伴的评判，对方是否值得信任是基于对对方的执行能力、可靠性和意向性。"持这种"对交易对象的信任是立足于相信对方具有某些特质"观点的学者也有不少，例如 Moorman 等人（1993）提出，信任是对交易对象可靠性的期待。Morgan 和 Hunt（1994）认为信任即是消费者信任的信念，且信任的信念正面影响信任意图。Mayer 等人（1995）也提出：信任是消费者认为交易者值得信任的信念（Trustworthiness Belief），因此愿意承受伤害。这种信念涉及对受信任者的能力（Ability）、善意（Benevolence）与正直（Integrity）三个方面。能力的信任和善意信任的概念借用 McKnight 等人（1998）的定义，能力信任是消费者相信企业有完成其工作所必需的技能；而善意信任指消费者相信企业愿意放弃自我中心的立场，而对消费者采取正面善意的态度。

根据 Spence（1974）的信号理论（Signaling Theory），在买卖双方信息不对称的情况下，处于信息优势的一方，通过一些有成本的行为进行信号发送，以显示自己的能力比他人强；而处于信息劣势的一方，也可以通过某些有成本的行为对产品质量进行甄别。因此，企业之所以付出成本采取环境责任行为，也是为了向消费者发出有别于其他竞争对手的某种能力和价值的信号，以获得消费者的信任与支持，从而取得特殊的竞争优势。

消费者在搜索信息和购买选择时，企业环境责任行为的利他性的信号，可能会增加消费者的信任（Gurviez 和 Korchia，2002）。

McKnight 等人（1998）将信任分成三个维度：①能力信任：消费者相信企业有完成其工作所必需的技能；②善意信任：相信企业愿意放弃自我中心的立场，而对消费者采取正面的态度；③正直信任：相信企业愿意在遵守道德规范和标准的基础上与消费者互动。善意的信任和正直的信任虽然在概念表述上有区别，然而在消费者的实际感知时，两者的区别并不是很明显。因此，之后的学者通常把它们简化为两个维度，例如 Das 和 Teng（2001）将信任划分为能力信任和善意信任两个维度；Farrell 等人（2005）也将信任划分为善意型信任和能力型信任两个维度。本书中的信任维度也将沿用善意信任和能力信任这两个维度。

综合以上的分析，在买卖双方信息不对称的情况下，企业环境责任行为作为特殊的信号，提高了消费者的信任，因此，提出以下假设：

假设1a：企业环境责任行为正向影响消费者对企业能力的信任。

假设1b：企业环境责任行为正向影响消费者对企业善意的信任。

在第四章中发现，消费者能区分的企业环境责任主要有两个维度：①"主动预防—被动补救"功能性的行为；②"直接—间接"与生产经营相关联性的行为。为了表述方便，将"主动预防—被动补救"功能性的企业环境责任行为简称为功能性环境责任行为，而"直接—间接"与生产经营相关联性的企业环境责任行为简称为关联性环境责任行为。那么，在与生产经营直接相关的主动的、与生产经营间接相关的主动的、与生产经营直接相关被动的、与生产经营间接相关的被动这四类企业环境责任行为的刺激下，会对消费者的信任产生怎样的影响呢？虽然这方面研究仍是一个"黑箱"，但在研究企业社会责任问题时，有学者做过类似的考察。

实证结果表明，企业实践活动的类型会影响消费者对企业社会责任行为动机的判断（Mohr和Webb，2000）。Ellen等人（2006）在研究消费者企业社会责任归因时，将消费者可以区分的动机分为四种类型："①自我驱动的动机，不是指为了帮助改善和提升社会福利，而指纯粹利用事件达到自己的目的；②战略驱动的动机，指在利用事件受益的同时达到企业增加市场份额创造良好印象的目标；③利益相关者驱动的动机，指对社会事件的支持仅仅因为来自于利益相关者的压力；④价值驱动的动机，指没有任何其他附带条件的纯粹慈善动机。"Pavlos（2008）在此基础上，通过实证得出结论：自我驱动和利益相关者驱动的动机降低了消费者信任，战略驱动的动机对消费者信任没有影响，只有价值驱动的动机才会对消费者信任产生积极的影响。因此，不同的企业的环境责任行为可能会引起消费者不同的动机归因，从而对信任的影响也会有差异。

本书对企业环境责任行为的划分与 Ellen 等人（2006）的划分有很相似的地方，与生产经营直接相关的责任行为更多的出于利己目的，而与生产经营不直接相关的责任行为更偏向于利他的目的；主动的责任行为比被动的责任行为更显现企业善意的动机。那么，不同的企业环境责任行为也得出和 Pavlos（2008）相同的结论吗？各类行为是影响消费者对企业能力的信任，还是善意的信任，抑或是兼而有之？本书认为，消费者在搜索信息和购买选择时，企业环境责任行为的利他性的信号，可能会增加消费者的信任，与生产经营直接相关的环境责任行为能增加消费者对企业能力的信任，而与生产经营不直接相关的环境责任行为更多的表达了利他的信息，所以能增加消费者对企业善意的信任。因此提出以下假设：

假设 2a：当企业环境责任行为与生产经营直接相关时，主动的与被动的企业环境责任行为对消费者对企业能力的信任的影响存在显著的差异。

假设 2b：当企业环境责任行为与生产经营直接相关时，主动的与被动的企业环境责任行为对消费者对企业善意信任影响存在显著的差异。

假设 2c：当企业环境责任行为与生产经营间接相关时，主动的与被动的企业环境责任行为对消费者对企业能力信任的影响存在显著的差异。

假设 2d：当企业环境责任行为与生产经营间接相关时，主动的与被动的企业环境责任行为对消费者对企业善意信任的影响存在显著的差异。

假设 3a：当企业环境责任行为为主动的时，与生产经营直接相关的和与生产经营间接相关的企业环境责任行为对消费者对企业能力信任的影响存在显著的差异。

假设 3b：当企业环境责任行为为主动的时，与生产经营直接相关的和与生产经营间接相关的企业环境责任行为对消费者对企业善意信任影响存在显著的差异。

假设3c：当企业环境责任行为为被动的时，与生产经营直接相关的和与生产经营间接相关的企业环境责任行为对消费者对企业能力信任的影响存在显著的差异。

假设3d：当企业环境责任行为为被动的时，与生产经营直接相关的和与生产经营间接相关的企业环境责任行为对消费者对企业善意信任的影响存在显著的差异。

（二）企业环境责任行为与购买意愿

在第二章已经探讨过企业环境责任活动对消费者的影响。例如，Bjorner等人（2004）用1997~2001年丹麦消费者实际购买行为的面板数据，证实了关于环境绩效的信息提供对消费者选择具有重要影响。Mohr和Webb（2005）通过对美国随机样本的实证研究表明，在环境领域的企业社会责任对消费者购买意愿的影响甚至比价格因素的影响还大。

虽然也有少数学者指出，企业环境责任活动对消费者没有影响。但大多数学者的研究表明，企业的环境责任活动对消费者的购买意愿还是有积极的影响，只是受制于消费者自身感知、企业环境责任行为方式、沟通形式、对他人反应的感知等多种因素影响，而在影响程度上略有不同。因此，提出以下假设：

假设4a：当企业环境责任行为与生产直接相关时，主动的与被动的企业环境责任行为对消费者购买意愿的影响存在显著差异。

假设4b：当企业环境责任行为与生产间接相关时，主动的与被动的企业环境责任行为对消费者购买意愿的影响存在显著差异。

假设4c：当企业环境责任行为为主动的时，与生产经营直接相关的和与生产经营间接相关的企业环境责任行为对消费者购买意愿的影响存在显著差异。

假设 4d：当企业环境责任行为为被动的时，与生产经营直接相关的和与生产经营间接相关的企业环境责任行为对消费者购买意愿的影响存在显著差异。

假设 5：企业环境责任行为对消费者购买意愿有正向影响。

(三) 消费者信任与购买意愿

信任在双方建立交易关系的过程中会起到重要作用，因为信任可以使施信方产生安全感，即使存在着风险和不确定性也不用担心，信任可以帮助他们实现"信仰跳跃"而直接行动（Holmes，1991）。信任被看作是一种行为意向或者行为，一方面反映施信方处于弱势地位以及面临决策信息的不确定性，另一方面也反映了施信方对交易伙伴的信赖（Coleman，1990）。

在营销领域的文献中，信任是建立营销关系的关键因素。信任在买卖关系和顾客忠诚中，都被认为起到了关键的作用（Reichheld，1994；Schurr 和 Ozanne，1985）。信任作为一个体验变量，通过正直、信守承诺以及摒弃机会主义行为等，在企业最初与消费者建立关系的过程中起到重要作用，而这些变量只有在双方已经满意地进行了交易之后才会体验到（Frazier 等人，1988）。

在以往的研究中，信任作为调节或中介变量，被证实会对消费行为产生积极的影响（例如：Swaen，2008；Delgado – Ballester，2004；Gurviez 和 Korchia，2002；Chaudhuri 和 Holbrook，2001；Frisou，2000；Sirieix 和 Dubois，1999；Ganesan，1994；Morgan 和 Hunt，1994；Moorman 等人，1992；Andaleeb，1992；Dwyer 等人，1987）。

在电子商务领域，消费者信任在网上交易中起到重要作用。卖家通过让消费者感知他们的友善和正直的信任能够影响消费者的购买意向，因为信任能使消费者相信卖方愿意且有能力提供他们需要的产品或服务。以往的研究显示了感知信任会直接影响消费者的购买意向（Grazioli 和 Jarvenpa，2000）。

在产业市场中，买方企业如果有了对供应商的信任，就会认为供应商不会故意地做出伤害买方利益的行为（Doney 和 Cannon，1997）。从企业长远发展角度考虑，信任是一个必不可少的因素，实证研究也证实，信任与未来终止关系的倾向之间则存在反向关系，信任可使买卖双方的关系维持更长久（Morgan 和 Hunt，1994）。而买方对卖方的信任会对买方继续交易的倾向产生重要影响（Ganesan，1994）。

消费者与企业之间的关系与上述各领域的这种信任关系类似。（Singh 和 Sirdeshmukh，2000）、（Chaudhuri 和 Holbrook，2001）都认为，信任是消费者产生忠诚的前因变量，因此，认为消费者的信任会转化为购买产品的意向。基于上述分析，提出以下假设：

假设6a：消费者对企业能力的信任会正向影响其购买意愿。

假设6b：消费者对企业善意的信任会正向影响其购买意愿。

假设7a：消费者对企业能力的信任在企业环境责任行为与消费者购买意愿的关系中起中介作用。

假设7b：消费者对企业善意的信任在企业环境责任行为与消费者购买意愿的关系中起中介作用（如图5-1所示）。

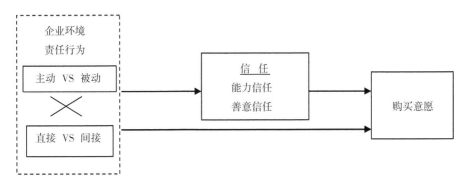

图 5 - 1 理论模型

三、研究方法与研究设计

（一）研究方法

要完成对上述问题的研究，在方法选择上至少需要考虑以下几个方面：①各类企业环境责任行为具有场景特定性，即消费者并不一定在所有的环境责任行为有着相同的响应，而是根据具体的场景进行判断，因此可能无法采用消费者自由回忆的方式来搜寻数据，否则我们的研究结果将受到消费者遭遇的不可控的各种场景因素的大量影响。②除了检查各环境责任行为对消费者响应的影响之外，还要区分不同信任因素的心理机制，这使得我们在研究中必须通过有意地操纵一些变量来检查不同的心理过程。

综合上述考虑，采用实验法和自我报告法相结合来进行研究。相对于自然观察法、自由回忆法等研究方法而言，实验的主要优点在于能更好地操纵实验变量和控制无关变量。如此，可以根据研究目的来设计多个相关的实验，在每个实验中操纵需要检查的变量，并控制其他可能的干扰变量对结果的影响。

然而，实验法的一个缺点在于，实验所能操纵的变量是有限的，并且实验所操纵的变量一般只反映了情景特定的特质，而非个体稳定的特质。对此，结合采用自我报告法来弥补实验法的不足。自我报告法在大量研究中被用来作为反映个体稳定性特质差异的有效方法。自我报告法和实验法的结合能同时检查一般特质和具体情景特征对于因变量的影响。

（二）研究步骤

将通过三个步骤来完成对前述问题的研究。

第一步：通过预先研究检验量表的信度和效度。

第二步：检验假设 2（a、b、c、d）、假设 3（a、b、c、d）和假设 4（a、b、c、d），看在不同类型的企业环境责任行为的激励下，消费者信任和购买意愿是否存在显著的差异。如果有，在下一步骤的研究中将它们作为四个或两个消费者响应的前置变量来研究；如果没有，那么下一步研究就将四类企业环境责任行为简化成一个前置变量来研究。

第三步：在第一步的研究基础上，运用分步回归检验其余的假设是否成立。进一步验证信任在企业环境责任行为与消费者购买之间的中介作用。

（三）研究设计

1. 实验设计

要完成对上述问题的研究，采用实验法和自我报告法相结合来进行本书的设计。研究的思路是通过向被试者提供一个经过控制的场景描述，检验消费者在该场景中对企业的信任和购买的意愿。实验的前提条件是设计五个所有被试者都能够理解并且可能面临的消费场景，其中，四个场景除了有企业产品和服务信息外，还各有四个不同消费者环境责任行为；而另一个为只有企业产品和服务信息而无任何企业环境责任行为信息的对比组，在这些场景中被试者将独立根据自己的感受对量表问项做出选择。

本书采用的是组间的研究形式，既是五种问卷在不同的组内进行测量，问卷全部是封闭式的回答，每种问卷一百份。五种问卷分别表示了上述的五个场景。组间实验避免了消费者阅读时的疲惫，同时增加了问卷的使用性和信度。另外，封闭式的回答减轻了数据分析的负担，节约了资源和精力。

由于本书着重探讨企业环境责任行为会引起怎样的消费者响应，因此被访问消费者在正式填答问卷之前，要求阅读一段有关某虚拟企业×企业的某种环境责任行为的情境描述材料，然后要求被调查消费者对该企业的环境责任行为进行评价。研究采用基于情景模拟的2（主动 VS 被动的环境责任行为）×2（与生产直接 VS 间接相关的环境责任行为）组间实验设计的方法来检验上述假设，一共有四种不同的实验情境：被动的与生产直接相关的环境责任行为，被动的与生产间接相关的环境责任行为，主动的与生产直接相关的环境责任行为和主动的与生产间接相关的环境责任行为。为使这四类企业环境责任行为有更好的区分效度，依据第四章语义差异分析中消费者对企业环境责任行为的二维评价图中距离最远的四个组群作为实验的刺激情景的框架，即与生产直接相关—主动组为可持续地利用自然资源和生产销售环境友好的产品和服务，与生产直接相关—被动组为减量与处理废物，与生产间接相关—主动组为宣传、普及环境知识，与生产间接相关—被动组为恢复补偿对环境的损害。

为了让这四种环境责任行为给被试者一个具体的、清晰的概念，并有足够的信息量刺激被试者，没有给出具体的产品，但给出了企业具体的行业。在选择测试行业时，既要考虑该行业有一定的环境敏感度，又要考虑被试者能在日常生活中可直接消费的产品。中国《循环经济促进法》提到了一些环境敏感性的行业，例如，钢铁、有色金属、煤炭、电力、石油加工、化工、建材、建筑、造纸、印染等，这为本书提供了一个行业选择思路。本书在前期与典型消费者深度访谈中，多数消费者曾提到他们一般只会在购买一些耐用消费品或与自身健康直接相关的产品时会关注企业的环境责任行为，因此，在上述环境敏感行业中选择建材行业作为行业背景，出现在描述材料中。

呈现刺激材料时，主要采用了媒体报道的形式。为了进一步控制媒体对研究结果可能出现的影响，在刺激材料开发时刻意回避了带有主观价值评判的词语，选择了那些中性的表述方式。所选用的描述性文字，来自于惠普、华润集团、汇丰银行等，国内外知名企业对自己已经开展的环保活动进行的陈述。为了避免和控制被试者对已有企业品牌印象所产生的认知偏差，实验情境中有意隐去了企业名称，并且为了控制干扰变量，对上述这些公司的材料进行了微小的改动和综合。四种情境的描述如下：

情境1：×企业是一家已经经营若干年的家居建材企业，其产品和服务有较好的口碑。并且，×企业已推行环保设计计划若干年，目的是减少产品和服务对环境造成的负面影响。除了满足常规和安全要求之外，×企业还致力于提高能源效率，降低产品在生产和使用中的能源消耗；材料创新，减少材料使用量，开发环保、使用寿命长的材料。此外，公司的产品专员、客户合作和研发团队，共同确定、筛选和推荐创新的环保设计方案。

情境1描述的企业环境责任行为出自企业主动、自愿，且内容中提到的都是与生产经营直接相关的有关生产材料、设计等方面的内容。

情境2：×企业是一家已经经营若干年的家居建材企业，其产品和服务有较好的口碑。并且从2006年起，×企业捐赠近800万港元，开展华南湿地保护与合理利用项目，通过教育、培训、调研等方式加强福建漳江口国家级红树林自然保护区和广东海丰省级湿地自然保护区的管理与环保水平。项目开展以来，新建造的位于漳江口高潮位栖息地的水鸟数量较之前增加了十二倍。在教育方面，项目成功地在漳江口的11所学校及海丰的6所学校开展了可持续发展教育活动，至少吸引了6500名师生参与。

情境2描述企业捐助湿地保护项目并启动环境教育活动，这是自觉的表现，没有强制性的要求，这是主动从事环保活动。另外叙述中没有关于生产资料、设计、营销等方面的举动，这是与企业生产经营间接相关的主动的环境责任行为。

情境3：×企业是一家已经经营若干年的家居建材企业，其产品和服务有较好的口碑。由于工作疏漏，对当地的环境造成了一定程度的污染，但企业及时地对受害者进行了赔偿，积极承担了企业的环境责任。

情境 3 描述的内容虽为工作失误造成的污染后果，但企业主要承担的是一种道义上的责任，不直接涉及生产问题，且属于事后被动地承担环境破坏后的责任来挽救企业形象，所以这属于与生产间接相关的被动的企业环境责任行为。

情境 4：×企业是一家经营若干年的家居建材企业，其产品和服务有较好的口碑。×企业坚决执行国家排放标准，今年全年累计排放二氧化硫 70382 吨，同比下降 4.8%；排放 COD4246 吨，同比下降 13.8%，并在所有生产基地采用了污水处理管理系统及烟尘排放及脱硫设备。

情境 4 中的描述主要是，企业对自己因生产经营对环境造成的污染进行通过减量和事后补救性地处理。因此，该情景属于与生产直接相关的被动的企业环境责任行为。

因企业环境责任行为在本书中属于分类变量，作为自变量在进行计算时要变成虚拟变量。本书虽有 4 个情境，但只有 2 个属性，因此按照虚拟变量的设置规则，将生产关联性设为 D_1，功能性设为 D_2，其中 $D_1 = \begin{cases} 1 & (直接) \\ 0 & (不直接) \end{cases}, D_2 = \begin{cases} 1 & (主动) \\ 0 & (被动) \end{cases}$ 。

2. 问卷的设计

根据所选择的研究方法，采用问卷调查方式来搜集研究数据。问卷根据以上情境被设计为四套。每套问卷分为五个部分。第一部分简单说明问卷调研目的和致谢。第二部分为企业环境责任行为的具体情境描述。第三部分检测被试者对情境描述的感受。对于这个来自于现实的虚拟情境，本书使用两个七点 Likert 量表来检验其真实性（Dabholkar 和 Bagozzi，2002）："情境描述是真实的"，"使我自己能够身临其境没有任何问题"。第四部分为问卷的主体，通过量表题项来测量本书所要研究的相关变量。然后再根据自己的实际情况继续按要求回答被试者对企业的信任和购买意向等问题。Bollen（1989）建议量表最好为七点尺度，所以被试者回答使用七点 Likert 量表，按 1～7 递进顺序反映对该问题看法的程度差异，其中 1 表示不同意，7 表示非常同意。第五部分为被试的基本情况选项。

本书中均采用多指标量表来测量各变量，测量变量的题项来自国外文献中的成熟量表，并结合中国的实际和本书的目标对量表进行了修改。为确保所使用的题项与原文的含义一致不会出现偏差，并保证中文语句准确清晰，采用了双向翻译的方法对题项进行了翻译。

在问卷修改和完善阶段，为提高问卷测量的内容效度，邀请了三位本学科的学者和三位企业管理人员对量表修正提出了建议，同时还要求了三位文化程度不高的消费者填答，请他们说出填答过程中遇到的障碍和困难。在此基础上，对一些不恰当和不易被理解的问项进行修改和删除。

本书的自变量是消费者感知到的企业环境责任行为。由于本书着重探讨企业环境责任行为会引起怎样的消费者反应，因此被访问的消费者在正式填答问卷之前，要求先阅读一段有关虚拟×企业在企业环境责任行为表现的描述材料，然后要求被试对该企业的环境责任行为表现进行评价。

3. 操控检验

采用两个问项的 7 级语义差异量表分别检验被试者对四种企业环境责任行为的感知程度。"我感觉企业的这种环境责任行为更主动/被动"，"我感觉企业的这种环境责任行为与生产经营的关联性更间接/直接"。通过对四种类型的操控分别进行检验，结果表明被试者对企业的环境责任行为类型进行了较好的区分（$M_{情景11} = 6.30$ VS 4.36，$F (1, 261) = 4.84$，$p < 0.01$；$M_{情景12} = 3.63$ VS 4.76，$F (1, 264) = 3.56$，$p < 0.01$。$M_{情景21} = 3.82$ VS 4.98，$F (1, 263) = 3.24$，$p < 0.01$；$M_{情景22} = 3.78$ VS 4.87，$F (1, 262) = 3.16$，$p <$

0.01。$M_{情景31} = 4.30$ VS 5.76，$F(1, 262) = 3.33$，$p < 0.01$；$M_{情景32} = 6.32$ VS 4.12，$F(1, 263) = 4.16$，$p < 0.01$。$M_{情景41} = 6.75$ VS 4.26，$F(1, 264) = 3.96$，$p < 0.01$；$M_{情景42} = 6.23$ VS 4.36，$F(1, 261) = 3.79$，$p < 0.01$）这表明对企业环境责任行为的四种类型的实验操控是成功的。

4. 变量的测量

（1）信任。信任在本书中被分为两类，一类是消费者对企业能力的信任；另一类是消费者对企业善意的信任。两类信任的测量主要综合了 Gurviez 和 Korchia（2002）和 Pavlos（2009）所使用过的问句进行测量。其中，能力信任有三个问项，分别是：我信任该企业产品和服务的质量；该企业是一家有实力的企业；该企业的产品和服务给我一种安全感。善意信任也有三个问项，分别是：①该企业是一家有责任心的企业；②该企业对消费者的态度是真诚的；③我认为该企业能诚实地对待消费者。

（2）购买意愿。消费者购买意愿（Consumer Purchase Intention）的测量主要使用了 Zeithaml 等人（1996）使用过量表的三个问题，分别为：①我会在这家公司购买大部分相关产品和服务；②我认为这家公司是购买相关产品和服务的第一选择；③我更愿意尝试公司推出的新产品和服务。

（四）数据收集

1. 样本的选择

样本取自高校学生。选取学生样本一方面是因为受研究时间和经费所限，但更重要的原因是考虑到实验法中控制干扰变量的需要，即尽量使可能影响实验结果的非实验变量保持稳定不变。因此，选取了年龄相似（20～25 岁）、受教育程度相似（大学三、四年级）的学生作为研究的调查对象，这样减轻了因为年龄、受教育程度以及与此相关的消费经验等因素对实验结果的可能影响。

2. 问卷的发放与回收

被试者为了获得所选课程的平时成绩而自愿参加该项研究。500 人参与了实验。因参加人数多，为了保证答题质量，选择了 10 个不同的班级，分 10 次完成数据的采集，每次答题控制在 10 分钟之内，并要求被试当场完成答题。参与答题者每人赠送了一份小礼品。

数据采集结束后，对所采集的数据进行整理汇总。首先，剔出那些未填答完整的问卷。其次，在数据输入过程时对填答完成质量进行检查，对那些填答质量不高的问卷进行剔除。问题问卷剔除的标准是：①有大量漏选项的；②问题回答相同答案过多的；③同一选项有多个答案，无法判断其确定答案的；④答案中存在明显规律的，如同一排列规律答案重复出现或 "Z" 字形答案。最后把调查结果输入计算机，为下一步使用统计软件进行分析做准备。

（五）数据分析方法

本书将采用 SPSS 17.0 统计分析软件对搜集数据进行分析处理。根据检验假设的需要，将用到描述性统计分析、信度分析、效度分析和方差分析等统计方法。

1. 描述性统计方法

描述性统计分析包括问卷的回收情况和样本的情况，以及通过计算变量的均值和标准差，掌握变量的集中趋势和离散度。

2. 信度分析

信度分析主要是检验用于测量之量表在度量相关变量时是否具有稳定性和一致性。本书采用 Cronbach's α 系数来检验结构变量的信度。Bollen（1989）认为用 Cronbach's α 系数来评价量表内部一致性通常有两个方面：①各题项的总体相关系数要大于 0.3，且各题项的 Cronbach's α 值须小于量表总体的 Cronbach's α 值，不符合条件的题项应删除；②量表的 Cronbach's α 值越接近 1 越好，表明量表的信度越高。Cronbach's α 大于 0.7 为高信度，当计量的项目总数小于 6 时，Cronbach's α 值只要大于 0.6 也是可以接受的（Nunnally，1976）。本书的量表信度评价将遵循上述几条标准。

3. 效度分析

本书使用了内容效度来测量所测潜变量的效度。由于本书所使用的绝大多数项目来自于过去的文献，很多学者都使用过这些量表测量相关变量内容效度测量；并且在问卷设计中，还特别邀请了几位在绿色营销和消费行为研究领域的教授和博士对问卷和量表进行审核修正；而后，让几位非专业的受访者试答一下，针对晦涩和有歧义的题项进行商讨，明确了每一个题项的具体含义；符合要求后才进行最后的测量。因此，在内容效度上是符合要求的。

4. 方差分析

本书中，需要了解不同的企业环境责任行为是否会对消费者信任和购买意愿产生不同的影响，因作为自变量的企业环境责任行为为类别变量，且在第三章中辨析出两个维度，所以选用了两因素被试间方差分析（Two‑Way between‑Subjects ANOVA）比较哪种企业环境责任行为会对消费者响应产生积极的显著影响。

四、研究结果

（一）量表质量分析

量表质量通过信度和效度来衡量。本书所使用的量表来自于现有文献的成熟量表，但本书针对中国的市场环境下进行，并对部分量表题项进行了修改，为了能够更好地检验理论假设，对量表做了信度和效度分析。

通过随机邀请 80 位大三学生对所有题项进行初测，对修订后量表质量分析结果如下：

1. 信任量表质量分析

本书用因子分析来检验它的结构效度。在正式因子分析之前，先进行 KMO 分析和 Bartlett's 球面检验。KMO 统计量用于探究变量之间的偏相关性，其取值越接近 1，越适合做因子分析，0.7 以上时效果尚可，0.6 时效果较差，0.5 以下时则不适合做因子分析。Bartlett's 球面检验用于检验因子之间是否相互独立，如果 P 值显著，则表明因子之间是相关的。

信任量表共有 6 个题项，采用 SPSS17.0 先做 KMO 分析和 Bartlett's 球面检验。从计算结果看，KMO 值为 0.786，大于 0.7，也就是说适合做因子分析。Bartlett's 球面检验的 P 值显著（p < 0.01），表明因子之间不是相互独立的，具有相关性。然后，根据理论假设结构通过主成分分析，利用最大变异法做正交旋转。因子分析结果（见表 5 - 1）。

表 5 - 1 信任量表的因子分析结果

项目	主成分因子	
	因子一	因子二
能力信任		
a1 我信任该企业的产品和服务质量	0.818	0.213
a2 该企业是一家有实力的企业	0.798	0.249
a3 该企业的产品和服务给我一种安全感	0.786	0.296
善意信任		
a4 该企业是一家有责任心的企业	0.281	0.849
a5 该企业对消费者的态度是真诚的	0.235	0.785
a6 我认为该企业能诚实地对待消费者	0.378	0.658

续表

项目	主成分因子	
	因子一	因子二
特征值	3.184	1.983
解释方差	36.383	26.418
累计解释方差	36.383	62.801

分析结果显示，a1、a2 和 a3 自动聚合为能力信任因子，a4、a5 和 a6 自动聚合为善意信任因子，符合理论假设。每个题项在主因子上的载荷都超过了 0.5，在次因子上的载荷低于 0.5，没有出现交叉项目，表明量表的结构效度较好。

两个因子的特征值都大于 1，分别为 3.184 和 1.983，累计解释方差为 62.801%，超过 50% 的门槛标准。

另外，信任量表的信度分析中，所有项目与总体的相关系数都高于 0.3。信任的 Cronbach's α 值为 0.825，能力信任因子的 Cronbach's α 值为 0.732，善意信任因子的 Cronbach's α 值为 0.738，都超过了 0.7 的门槛值，这表明量表内部一致性较好，量表是可靠的（见表 5-2）。

表 5-2　信任量表的信度分析结果

	题项数	项目总体相关系数	Cronbach's α
能力信任	3		0.732
a1 我信任该企业产品和服务的质量		0.705 **	
a2 该企业是一家有实力的企业		0.702 **	
a3 该企业的产品和服务给我一种安全感		0.689 **	
善意信任	3		0.748
a4 该企业是一家有责任心的企业		0.738 **	
a5 该企业对消费者的态度是真诚的		0.792 **	

	题项数	项目总体相关系数	Cronbach's α
a6 我认为该企业能诚实地对待消费者		0.584 **	
信任	6		0.825

注：**表示在 0.01 的水平上显著。

2. 购买意愿量表质量分析

购买意愿量表采用了 Zeithaml 等人（1996）的现成量表。购买意愿各题项之间的相关系数见表 5 - 3，各题项之间的相关系数均为正值，不存在互斥现象，说明 3 个题项对购买意愿具有相当高的测量信度。

表 5 - 3　购买意愿各题项相关系数

	b1	b2	b3	均值
b1	1			
b2	0.550 **	1		
b3	0.431 **	0.476 **	1	
均值	0.817 **	0.886 **	0.813 **	1

注：**表示在 0.01 的水平上显著。

购买意愿量表的信度分析中，总体 Cronbach's α 值为 0.801，超过了 0.7 的门槛值，这表明量表内部一致性较好。经主成分因素分析只抽出一个有效因子，总方差解释量为 63.91%，超过 50% 的门槛值，说明该量表可以接受（见表 5 - 4）。

表 5 - 4　购买意愿量表的信度分析结果

购买意愿	题项数	因子载荷	Cronbach's α
	3		0.801
b1 我会在这家公司购买大部分相关产品和服务		0.791	

购买意愿	题项数	因子载荷	Cronbach's α
b2 我认为这家公司是购买相关产品和服务的第一选择		0.794	
b3 我更愿意尝试该公司推出的新产品和服务		0.712	

（二）描述性统计分析

通过量表质量分析，各变量的因子结构已清楚，将对各因子的均值和标准差进行描述性统计分析。

1. 研究样本情况

本书一共发放问卷 500 份，采用本章所述整理鉴别方法，得到有效问卷 445 份。5 个实验组有效样本数及被试者性别中，每组参与有效人数都超过了组间实验最低人数要求。性别比例合理。虽然为学生样本，但控制了因收入水平、职业、受教育程度等其他因素对因变量的干扰（见表 5-5）。

表 5-5　被试者总体情况

		情境 1 主动—直接	情境 2 主动—间接	情境 3 被动—直接	情境 4 被动—间接	参照组
有效样本数		88	90	87	89	91
性别	男	43	40	45	42	45
	女	45	50	42	47	46

2. 主要变量的均值分析

因本书考量的是，在不同的企业环境责任行为的刺激下消费者的响应，除四组实验组外，还有一组为参照组。其主要变量的均值和标准差见表 5-6。根据均值计算结果绘制消费者响应的信任和购买意愿对比图（如图 5-2 所示）。

表5-6　不同情境下主要变量的均值和标准差汇总表

变量			情境1 主动—直接	情境2 主动—间接	情境3 被动—直接	情境4 被动—间接	参照组
信任	能力信任	均值	5.17	5.48	5.02	4.64	5.08
		标准差	0.98	0.74	0.84	0.85	0.82
	善意信任	均值	5.32	5.50	5.48	4.64	5.18
		标准差	0.93	0.65	0.76	0.89	0.78
购买意愿		均值	4.78	4.75	4.36	4.20	4.45
		标准差	0.89	0.88	0.78	0.93	1.07
有效样本数			88	90	87	89	91

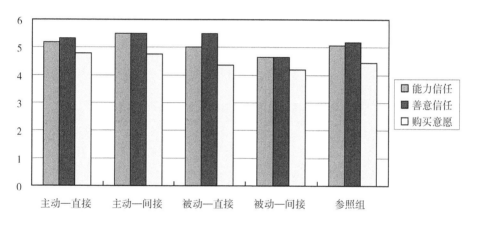

图5-2　不同情境下信任与购买意愿均值统计对比图

　　根据以上图表统计结果，各实验组与参照组在信任和购买意愿方面的响应略有差异。消费者对企业的信任普遍高于消费者的购买意愿。而在主动预防性的企业环境责任行为的刺激下，消费者对企业的信任和购买意愿都高于参照组，而在增加了被动的企业环境责任行为信息的情况下，消费者的购买意愿反而低于参照组。这说明主动预防性的企业环境责任行为对消费者信任和购买意愿方面的响应有一定的积极影响。

　　从统计数据我们还可看到，不管是实验组还是参照组，也不管企业的环境责任行为如何，能力信任和善意信任都高于购买意愿的分值，这也从某个侧面验证了著名社会心理学家 Wicker（1969）对态度预测行为作用的怀疑，态度更可能同外显行为没有关系或关系甚微。

（三）方差分析与交互效应检验

1. 方差分析

因主要考察的是消费者对企业环境责任行为的响应，所以，在此只分析不同类型的企业环境责任行为对能力信任、善意信任和购买意愿这三个变量的影响是否存在显著的差异。对于使用两因素完全随机实验设计所获得的参数数据，本书使用两因素被试者间方差分析（ANOVA）。分析结果（见表5-7）。

表5-7　不同情境下消费者响应方差分析汇总表

			能力信任			善意信任			购买意愿		
			主动	被动	参照	主动	被动	参照	主动	被动	参照
功能性	Sig.	主动	—	0.000 **	0.036 *	—	0.000 **	0.629	—	0.000 **	0.037 *
		被动	0.000 **	—	0.049	0.000 **	—	0.001 **	0.000 **	—	0.033 *
	总体 F		13.468 **			9.636 **			12.184 **		
			直接	间接	参照	直接	间接	参照	直接	间接	参照
关联性	Sig.	直接	—	0.780	0.860	—	0.001	0.436	—	0.366	0.829
		间接	0.780	—	0.964	0.001 **	—	0.001 **	0.366	—	0.361
	总体 F		0.042			7.733 **			0.559		
			主动	被动	参照	主动	被动	参照	主动	被动	参照
与生产直接相关	Sig.	主动	—	0.349	0.613	—	0.243	0.016 *	—	0.002 **	0.034 *
		被动	0.349	—	0.642	0.243	0. —	000 **	0.002 **	—	0.559
	总体 F		0.469			7.202 **			4.688 **		

续表

			能力信任			善意信任			购买意愿		
			主动	被动	参照	主动	被动	参照	主动	被动	参照
与生产间接相关	Sig.		主动	被动	参照	主动	被动	参照	主动	被动	参照
		主动	—	0.000**	0.003**	—	0.000**	0.000**	—	0.000**	0.053
		被动	0.000**	—	0.002**	0.000**	—	0.029*	0.000**	—	0.116
	总体F		21.876**			21.445**			7.269**		
主动	Sig.		直接	间接	参照	直接	间接	参照	直接	间接	参照
		直接	—	0.037*	0.613	—	0.164	0.016*	—	0.714	0.034*
		间接	0.037*	—	0.003**	0.164	—	0.000**	0.714	—	0.053
	总体F		4.205*			8.623**			2.942		
被动	Sig.		直接	间接	参照	直接	间接	参照	直接	间接	参照
		直接	—	0.006**	0.642	—	0.000**	0.000**	—	0.235	0.559
		间接	0.006**	—	0.002**	0.000**	—	0.029*	0.235	—	0.116
	总体F		6.248**			17.815**			1.491		

注：** 表示在 0.01 的水平上显著；* 表示在 0.05 的水平上显著。

　　总体来看，功能性的企业环境责任行为对能力信任、企业的善意信任和购买意愿这三个变量的影响都存在显著的差异。其中，主动的企业环境责任行为与被动的企业环境责任行为对能力信任、善意信任和购买意愿的影响存在显著差异；主动的企业环境责任行为除了未对善意信任产生显著的影响外，均对能力的信任和购买意愿产生显著的影响；而被动的企业环境责任行为与无企业环境责任行为相比，在能力信任、善意信任和购买意愿存在显著的差异。关联性的企业环境责任行为对能力的信任和购买意愿的影响不存在显著的差异，而对善意信任存在显著差异，且只是在直接和间接的企业环境责任行为之间，以及间接的企业环境责任行为之间存在显著差异。

　　把四类情境分别做 1×2 的细分得到的单因素方差分析，并结合不同情境下主要变量的均值和标准差汇总表，得到以下结果：

当企业环境责任行为与生产经营直接相关时，只有主动的与被动的企业环境责任行为对消费者购买意愿的影响存在显著的差异，即主动的与生产直接相关的企业环境责任行为对消费者购买意愿的影响显著高于被动的与生产直接相关的企业环境责任行为对消费者购买意愿的影响，而对其他变量的影响差异不明显。因此，假设2a、2b不成立，4 a成立。

当企业环境责任行为与生产经营间接相关时，主动的与被动的企业环境责任行为对企业能力信任、善意信任及消费者购买意愿的影响存在显著的差异，即主动的与生产间接相关的企业环境责任行为对企业能力、善意信任和消费者购买意愿的影响显著高于被动的与生产间接相关的企业环境责任行为对企业能力、善意信任和消费者购买意愿的影响，而对其他变量的影响差异不明显。因此，假设2c、2d、4 b成立。

当企业环境责任行为为主动的时，与生产经营直接相关的和与生产经营间接相关的企业环境责任行为对企业能力的信任的影响存在差异，而对企业善意的信任及购买意愿的影响并不存在差异，即主动的与生产间接相关的企业环境责任行为对企业能力信任明显高于主动的与生产直接相关的企业环境责任行为，而对其他变量的影响差异不明显。因此，假设3a成立，3b和4c不成立。

当企业环境责任行为为被动的时，与生产经营直接相关的和与生产经营间接相关的企业环境责任行为对企业能力信任和善意信任的影响存在差异，而对消费者购买意愿的影响并不存在差异，即被动的与生产直接相关的企业环境责任行为对企业能力和善意信任的影响明显高于被动的与生产间接相关的企业环境责任行为的影响，而对其他变量的影响差异不明显。因此，假设3c和3d成立，4d不成立。

2. 交互效应分析

为进一步验证两个要素各自的主效应，以及二者之间的交互作用，对功能性企业环境责任行为和关联性环境责任行为进行交互效应分析。

（1）不同的企业环境责任行为对能力信任的影响。通过分析，发现对消费者信任的影响因素中，功能性的企业环境责任行为主效应显著，$F_{(1, 440)} = 24.715$，$p < 0.0005$；而关联性的企业环境责任行为主效应不显著，$F_{(1, 440)} = 0.151$，$p = 0.697$；但两个因素的交互作用显著，$F_{(1, 440)} = 12.01$，$p = 0.001$。主动与被动的环境责任行为对消费者信任的影响存在显著差异；直接相关和不直接相关的企业环境责任行为对能力信任的影响差异不显著，但有影响。也就是说，而消费者对企业的信任的改变主要取决于企业采取的是主动的环境责任行为还是被动的环境责任行为，而环境责任行为与生产经营是否直接相关对消费的信任影响不大，但将两个因素综合考虑时，与生产经营是否直接相关也会影响消费者对企业能力的信任（如图 5 – 3 所示）。

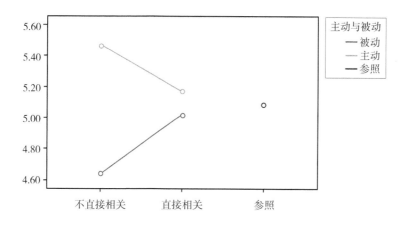

图 5 – 3　功能性与关联性企业环境责任行为对能力信任的影响

从图 5 – 3 可看出，主动预防性的环境责任行为对消费者信任的影响显著高于被动补救性环境责任行为。当企业主动地采取与生产不直接相关的环境责任行动时，更能激发消费者对企业能力的信任，而当企业被动地采取与生产不直接相关的环境责任行动时，消费者对企业能力的信任最低，甚至还不如企业不采取任何环境责任行动。

（2）不同的企业环境责任行为对善意信任的影响。通过分析，发现对消费者信任的影响因素中，功能性的企业环境责任行为主效应显著，F（1，440）= 12.41，p < 0.0005；而关联性的企业环境责任行为主效应也显著，F（1，440）= 13.416，p < 0.0005；两个因素的交互作用显著，F（1，440）= 28.398，p < 0.0005。也就是说，功能性的和关联性的企业环境责任行为对消费者对企业善意信任的改变都有影响（如图 5 - 4 所示）。

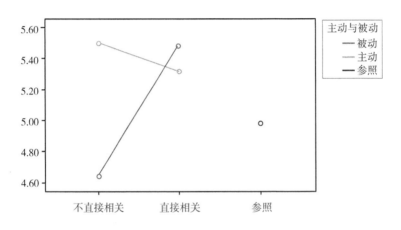

图 5 - 4　功能性与关联性企业环境责任行为对善意信任的影响

从图 5 - 4 可看出，主动预防性并与生产经营间接相关的环境责任行为和被动与生产经营直接相关的企业环境责任行为对消费者善意信任的影响显著高于被动补救性环境责任行为。当企业主动地采取与生产直接相关的环境责任行动时，更能提高消费者对企业善意的信任，而当企业采取被动与生产经营间接相关的环境责任行动时，消费者的对企业善意的信任最低，甚至还不如企业不采取任何环境责任行动。

（3）不同的企业环境责任行为对购买意愿的影响。通过分析，发现对消费者购买意愿的影响因素中，功能性的企业环境责任行为主效应显著，

F（1，440）=23.632，p＜0.0005；而关联性的企业环境责任行为主效应不显著，F（1，440）=1.095，p=0.296；且两个因素无交互作用，F（1，283）=21.523，p=0.589。主动与被动的环境责任行为对消费者购买意愿的影响存在显著差异；直接相关和不直接相关的企业环境责任行为对消费者购买意愿的影响差异不显著。也就是说，消费者的购买意愿的改变主要取决于企业采取的是主动的环境责任行为还是被动的环境责任行为，而环境责任行为与生产经营是否直接相关对消费的购买意愿影响不大。

从图5-5可看出，主动预防性的环境责任行为对消费者购买的影响显著高于被动补救性环境责任行为。当企业主动地采取与生产直接相关的环境责任行动时，更能提高消费者的购买意愿，而当企业采取被动的环境责任行动时，消费者的购买意愿最低，甚至还不如企业不采取任何环境责任行动（如图5-5所示）。

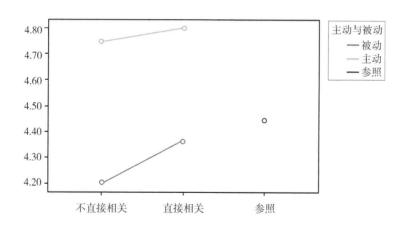

图5-5　功能性与关联性企业环境责任行为对消费者购买意愿的影响

（四）检验假设分析

对于本书将采用分层多元回归的方法，用三个模型来分析数据，来检验各个维度之间的假设以及存在调节作用的假设。模型 1 检查了控制变量的作用，模型 2 在模型 1 基础上增加了自变量和调节变量，模型 3 在模型 2 基础上增加了自变量与调节变量的交互作用。本书对所有变量进行了均值中心化处理，每个变量的标准差未改变，但降低了多重共线性问题（陈晓萍等人，2008）。

1. 企业环境责任行为与消费者信任

将两类企业环境责任行为作为自变量，分别将消费者对企业能力的信任和对企业善意的信任作为因变量，进行多元回归分析。经过回归分析：$AdjR^2$ 的值为 0.278 和 0.274，说明企业环境责任行为分别解释了消费者对企业能力信任和企业善意信任 27.8% 和 27.4% 的变异，且 F 值分别为 21.6 和 23.2，回归方程显著。在企业环境责任行为与能力信任的回归分析中（$\beta_1 = 0.032$，$t_1 = 0.45$；$\beta_2 = 0.376$，$t_2 = 6.17$），可看出与生产经营是否直接相关联的环境责任行为对企业能力的信任影响不显著，而主动的企业环境责任行为对企业能力信任影响显著正相关，因此，假设 1a 部分得到支持（见表 5 - 8）。

表 5 - 8　企业环境责任行为与能力信任的回归分析

Model	非标准化系数		标准化系数	T 值	Sig.	$AdjR^2$	F 值
	B	标准误	β				
Constant	- 0.270	0.085		- 3.19	0.002	0.278	21.6**
关联性	0.042	0.10	0.032	0.45	0.678		
功能性	0.614	0.10	0.376	6.17	0.000		

注：**表示在 0.01 的水平上显著。

在企业环境责任行为与善意信任的回归分析中（$\beta_1 = 0.282$，$t_1 = 4.42$；$\beta_2 = 0.409$，$t_2 = 5.17$），可以看出与生产经营是否直接相关联的环境责任行为和主动的企业环境责任行为对企业善意信任影响都呈显著正相关，且功能性的企业环境责任行为比关联性企业环境责任行为对善意信任的影响程度更大，因此，假设 1b 成立（见表 5 - 9）。

表 5 - 9 企业环境责任行为与善意信任的回归分析

Model	非标准化系数		标准化系数	T 值	Sig.	AdjR^2	F 值
	B	标准误	β				
Constant	- 0. 370	0. 084		- 4. 15	0. 000	0. 274	23. 2**
关联性	0. 441	0. 10	0. 282	4. 42	0. 001		
功能性	0. 589	0. 099	0. 409	5. 17	0. 000		

注：**表示在 0. 01 的水平上显著。

2. 企业环境责任行为与消费者购买意愿

将两类企业环境责任行为作为自变量，将消费者购买意愿作为因变量，进行多元回归分析。经过回归分析得到 AdjR^2 的值为 0. 289，说明企业环境责任行为分别解释了消费者购买意愿 28.9% 的变异，且 F 值为 23.7，回归方程显著。但在企业环境责任行为与购买意愿的回归分析中（$\beta_1 = 0.059$，$t_1 = 1.09$；$\beta_2 = 0.472$，$t_2 = 7.17$），可以看出与生产经营是否直接相关联的环境责任行为对消费者购买意愿影响不显著，而主动的企业环境责任行为对消费者购买意愿的影响显著正相关，因此，假设 5 部分得到支持（见表 5 - 10）。

表 5 - 10 企业环境责任行为与购买意愿信任的回归分析

Model	非标准化系数		标准化系数	T 值	Sig.	AdjR^2	F 值
	B	标准误	β				
Constant	- 0. 295	0. 084		- 3. 60	0. 000	0. 289	23. 7**
关联性	0. 106	0. 097	0. 059	1. 09	0. 272		
功能性	0. 695	0. 096	0. 472	7. 17	0. 000		

注：**表示在 0. 01 的水平上显著。

3. 消费者信任的中介作用

根据温忠麟等人（2005）提出的中介效应检验方法，先检验企业环境责任行为对购买意愿的影响是否显著，如果显著，再检验企业环境责任行为对信任的影响是否显著，以及信任对购买意愿的影响是否显著，如果两者都显著，再检验加入信任这一中介变量后的企业环境责任行为对购买意愿的影响是否显著，如果显著表明中介效应显著，如果不显著说明信任的完全中介效应显著。

前面已经检验了企业环境行为对购买意愿和信任的影响。除了关联性的企业环境责任行为对购买意愿和能力信任影响不显著外，其他企业环境责任行为对购买意愿、能力信任和善意信任都存在显著的正向影响。下一步需检验信任对购买意愿的影响是否显著。

经回归分析得到 $AdjR^2$ 的值为 0.491，说明消费者对企业的信任分别解释了消费者购买意愿49.1%的变异，且 F 值分别为68.05，回归方程显著，且能力信任和善意信任的标准化回归系数分别为 0.335 和 0.464，因此，可知假设 6a 和假设 6b 成立。即消费者信任对购买意愿的影响显著（见表 5 – 11）。

表 5 – 11　消费者信任与购买意愿的回归分析

Model	非标准化系数		标准化系数	T 值	Sig.	$AdjR^2$	F 值
	B	标准误	β				
Constant	− 0.001	0.042		− 0.028	0.977	0.491	49.1 **
能力信任	0.328	0.058	0.335	4.945	0.000		
善意信任	0.453	0.058	0.464	7.101	0.000		

注：**表示在 0.01 的水平上显著。

综合以上分析结果，认为消费者信任适合做企业环境责任行为与购买意愿之间的中介效应检验分析，检验分析结果具体见表 5 – 12。

表 5 – 12 中 Y、X_1、X_2、W_1 和 W_2 分别表示购买意愿、关联性环境责任行为、功能性环境责任行为、能力信任和善意信任。

表 5 - 12　消费信任对购买意愿的中介效应检验分析

检验步骤	标准化回归方程	回归系数检验 （t 检验）
第一步	$Y = 0.059X_1 + 0.472X_2$	$t_1 = 1.09$，$t_2 = 7.17^{**}$
第二步	$W_1 = 0.032X_1 + 0.376X_2$	$t_1 = 0.45$，$t_2 = 6.17^{**}$
	$W_2 = 0.282X_1 + 0.409X_2$	$t_1 = 4.42^{**}$，$t_2 = 5.17^{**}$
第三步	$Y = 0.335W_1 + 0.464W_2$	$t_1 = 4.95^{**}$，$t_2 = 7.10^{**}$
第四步	$Y = 0.011X_1 + 0.244X_2 + 0.460W_1 + 0.299W_2$	$t_1 = 0.24$，$t_2 = 4.00^{**}$，$t_3 = 4.28^{**}$，$t_4 = 6.94^{**}$

注：**表示在 0.01 的水平上显著。

因为前 3 步 T 检验都是显著的，所以消费者信任之能力信任和善意信任的中介效应显著，又由于第 4 步 T 检验也是显著的，所以不是完全中介效应。因关联性的环境责任行为对购买意愿的影响不显著，只考虑能力信任和善意信任在功能性的环境责任行为对购买意愿中的中介效应大小。经计算，能力信任的中介效应占总效应的比例为 $0.376 \times 0.460/0.472 = 36.6\%$；善意信任的中介效应占总效的比例为 $0.409 \times 0.299/0.472 = 25.9\%$。因此，假设 7a 和假设 7b 成立。

五、本章结论与讨论

（一）小结

通过以上方差分析、交互效应检验和分层回归分析，上文的部分假设得到了验证，但仍有一些假设与最初的研究期望有出入，将本章研究结果归纳起来如下（见表 5 - 13）：

表 5 – 13　研究假设的检验结果汇总表

假设	研究假设陈述	检验结果
H1a	企业环境责任行为正向影响消费者对企业能力的信任	部分支持
H1b	企业环境责任行为正向影响消费者对企业善意的信任	支持
H2a	当企业环境责任行为与生产经营直接相关时，主动的与被动的企业环境责任行为对消费者对企业能力信任的影响存在显著的差异	不支持
H2b	当企业环境责任行为与生产经营直接相关时，主动的与被动的企业环境责任行为对消费者对企业善意信任的影响存在显著的差异	不支持
H2c	当企业环境责任行为与生产经营间接相关时，主动的与被动的企业环境责任行为对消费者对企业能力信任的影响存在显著的差异	支持
H2d	当企业环境责任行为与生产经营间接相关时，主动的与被动的企业环境责任行为对消费者对企业善意信任的影响存在显著的差异	支持
H3a	当企业环境责任行为为主动的时，与生产经营直接相关的和与生产经营间接相关的企业环境责任行为对消费者对企业能力信任的影响存在显著的差异	支持
H3b	当企业环境责任行为为主动的时，与生产经营直接相关的和与生产经营间接相关的企业环境责任行为对消费者对企业善意信任者影响存在显著的差异	不支持
H3c	当企业环境责任行为为被动的时，与生产经营直接相关的和与生产经营间接相关的企业环境责任行为对消费者对企业能力信任的影响存在显著的差异	支持
H3d	当企业环境责任行为为被动的时，与生产经营直接相关的和与生产经营间接相关的企业环境责任行为对消费者对企业善意信任的影响存在显著的差异	支持
H4a	当企业环境责任行为与生产直接相关时，主动的与被动的企业环境责任行为对消费者购买意愿的影响存在显著差异	支持
H4b	当企业环境责任行为与生产间接相关时，主动的与被动的企业环境责任行为对消费者购买意愿的影响存在显著差异	支持
H4c	当企业环境责任行为为主动的时，与生产经营直接相关的和与生产经营间接相关的企业环境责任行为对消费者购买意愿的影响存在显著差异	不支持
H4d	当企业环境责任行为为被动的时，与生产经营直接相关的和与生产经营间接相关的企业环境责任行为对消费者购买意愿的影响存在显著差异	不支持
H5	企业环境责任行为对消费者购买意愿有正向影响	部分支持
H6a	消费者对企业能力的信任会正向影响其购买意愿；	支持
H6b	消费者对企业善意的信任会正向影响其购买意愿	支持

假设	研究假设陈述	检验结果
H7a	消费者对企业能力的信任在企业环境责任行为与消费者购买意愿的关系中起中介作用	支持
H7b	消费者对企业善意的信任在企业环境责任行为与消费者购买意愿的关系中起中介作用	支持

通过本章研究得到以下结论：

（1）不是所有类型的企业环境责任行为都会对消费者对企业能力的信任和购买意愿产生正向的影响。与生产经营是否直接相关联的环境责任行为对消费者对企业能力的信任的影响不显著，而主动的企业环境责任行为显著正向影响消费者对企业能力的信任；与生产经营是否直接相关联的环境责任行为和主动的企业环境责任行为对企业能力信任影响都呈显著正相关。功能性的企业环境责任行为比关联性企业环境责任行为对善意信任的影响程度更大。与生产经营是否直接相关联的环境责任行为对消费者购买意愿影响不显著，而主动的企业环境责任行为对消费者购买意愿的影响显著正相关。

（2）在主动预防性的企业环境责任行为的刺激下，消费者对企业的信任和购买意愿都高于参照组，而在提供被动的企业环境责任行为信息的情况下，消费者的购买意愿反而低于参照组。主动的与生产直接相关的企业环境责任行为对消费者购买意愿的影响显著高于被动的与生产直接相关的企业环境责任行为对消费者购买意愿的影响。主动的与生产间接相关的企业环境责任行为对企业能力、善意信任和消费者购买意愿的影响显著高于被动的与生产间接相关的企业环境责任行为对企业能力、善意信任和消费者购买意愿的影响。主动的与生产间接相关的企业环境责任行为对企业能力信任明显高于主动的与生产直接相关的企业环境责任行为。被动的与生产直接相关的企业环境责任行为对企业能力和善意信任的影响明显高于被动的与生产间接相关的企业环境责任行为的影响。

（3）消费者对企业的信任的改变主要取决于企业主动的环境责任行为，而环境责任行为与生产经营是否相关对消费者的信任影响不大，但将两个因素综合考虑时，与生产经营是否直接相关也会影响消费者对企业能力的信任。主动预防性的环境责任行为对消费者购买的影响显著高于被动补救性环境责任行为。当企业主动地采取与生产直接相关的环境责任行动时，更能提高消费者的购买意愿，而当企业采取被动的环境责任行动时，消费者的购买意愿最低，甚至还不如企业不采取任何环境责任行动。

（4）功能性的企业环境责任行为主效应显著，而关联性的企业环境责任行为主效应不显著，且两个因素无交互作用。

（5）信任在企业环境责任行为与消费者购买意愿之间起到部分中介作用，其中能力信任的中介效应占总效应的比例为36.6%；善意信任的中介效应占总效应的比例为25.9%。也可以说，消费者因企业环境责任行为产生的对企业能力的信任比对企业善意的信任，更能激发消费者最终的购买意愿。

（二）讨论

本章研究假设有部分未得到支持，以下将就未得到支持的假设进行解释探讨：

（1）当企业环境责任行为与生产经营直接相关时，主动的与被动的企业环境责任行为对消费者对企业善意信任和能力信任的影响不存在显著的差异。这可能是因为，消费者认为企业从事与自身业务紧密相关的活动，是一种正常的"经济人"举动，不需要再做更深入的归因解释，就能产生对企业善意和能力的信任。

而当企业环境责任行为为主动的时，与生产经营直接相关的和与生产经营不直接相关的企业环境责任行为对消费者对企业善意信任的影响也不存在显著的差异。这也许是消费者认为主动的企业环境责任行为表明了企业的一种对他人负责的态度，与生产的关联性并不影响对企业善意的信任。

（2）H4c 和 H4d 未得到支持，说明当企业环境责任行为的生产关联性和功能性等信息混合在一起影响购买意愿时，功能性的环境责任行为占主导地位。这有可能是消费者在做购买决策时，企业环境责任行为只是他们考虑的很小一部分，他们尽可能地节省信息处理的时间、简化判断标准、"吝啬地"启动脑海中已形成的现成印象，因此在考虑判断过是否是主动或是被动的行为后，就会直接做出购买判断。

第六章　消费者个人特质对响应企业环境责任行为的调节作用

一、问题的提出

在第三章的研究中，通过质性研究得出消费者响应企业环境责任行为主要受"个人心理意识"、"规范感知"和"实施成本"的影响，几个变量中"实施成本"对消费者态度和行为改变的影响结果是显而易见的，即实施成本越高越不容易改变消费者对企业环境责任行为的响应，因此在本章中不予考虑，而"个人心理意识"和"规范感知"这些相对稳定的思想和情绪方式的消费者的个人特质变量是否会对他们响应企业环境责任行为产生影响、影响的程度有多大并不十分明朗，因此在本章中将重点研究消费者的这些个人特质会对他们响应企业环境责任行为产生怎样的影响。

（一）变量的选取

在本章中消费者响应仍沿用信任和购买意愿作为在企业环境责任行为刺激下所产生的因变量。

根据 Ajzen 等人的计划行为理论，个体行为由个体行为意向来决定，而行为意向则由行为态度、感知行为控制和主观规范三个变量决定。态度是个人对某特定现象所反映出的持续喜爱或不喜爱的感觉；主观规范是个人感觉重要的他人或团体认为自己应不应该做某一特定行为的认知；感知行为控制是指个人预期在采取某种行为时自己所感受到可以控制的程度。个人态度的形成可从个体对实行特定行为结果的显著信念和对结果的评价两个层面解释；主观规范的形成取决于规范信念和依从普遍性社会压力的依从动机；感知行为控制又受控制信念和感知便利性的影响（Ajzen，1991）。本章在计划行为理论的基础上，结合第三章的研究结果，进一步研究个人心理意识包括环境问题认知、环境知识和解决环境问题的自我感知效力，规范感知包括群体压力和社会认同这些都是消费者的个人特质，它们可能会对企业环境责任行为与消费者响应之间的关系起到调节作用。

（二）研究假设

1. 环境问题认知

环境问题认知指消费者感知到的因环境问题给自己的健康和利益带来危害的可能性和严重程度。

根据 Rogers（1975）保护动机理论的观点，当人们感知到某种威胁时，会启动一系列的认知活动，这一过程主要包括：感知到某一威胁的严重性，感知该威胁发生的概率，感知保护反应或对策的效力，这些都将促使其态度和行为发生改变。Witte（1992）在 Rogers 的基础上对该理论进行了扩展，他将感知威胁分为两类：一类是感知易受威胁的程度，另一类是感知威胁的严重性。感知威胁是认知变量，而恐惧是一种情感变量，两者有区别，但经常联系在一起。换句话说，感知威胁程度越高，恐惧的体验越大，行为改变的可能性也就越大。不少学者（例如 Smith 和 Stutts，2003；Goodwin 等人，

2005）在研究与健康相关的问题时，也曾提到感知威胁是人们长期行为发生改变的重要催化剂。

Baldassare 和 Katz（1992）曾经检验过环境问题认知是否对环境行为产生影响，检验的结果是，当人们相信环境问题将严重威胁到健康和利益时，他们更可能出现回收利用、省水、购买环境友好产品和减少使用汽车等行为。Pahl 等人（2005）、Milfont（2007）也在研究中也发现认知环境问题威胁与环境态度存在显著的正相关关系。德国哲学家汉斯·约纳斯也曾提出恐惧的启发法（Heuristics of Fear），认为唯有意识到人类生存即将受到威胁，由此所产生的恐惧有助于唤醒内在的自我责任感①。

基于上述研究的结论认为，当人们认知到环境问题给自身健康和利益带来威胁时会促使消费者关注企业环境责任行为，并产生购买意愿的关键因素之一。

因此，提出以下假设：

假设 8a：环境问题认知在企业环境责任行为与消费者响应之能力信任的关系中起调节作用。

假设 8b：环境问题认知在企业环境责任行为与消费者响应之善意信任的关系中起调节作用。

假设 9：环境问题认知在企业环境责任行为与消费者响应之购买意愿的关系中起调节作用。

2. 环境知识

环境知识是指与生态环境有关的知识。环境知识增加了人们对于环境问题的关注与思考，也给人们提供了解决环境污染问题的行动指南。因此，环境知识对消费者最终的购买和使用决策能产生积极的影响。众多学者也认为，

① 刘科. 汉斯·约纳斯的技术恐惧观及其现代启示［J］. 河南师范大学学报（哲学社会科学版），2011（2）：35 – 39.

通过增加消费者对环境问题的知识会促使其对环境行为产生更积极的态度或是购买后行为，环境知识对环境态度和行为有显著的调节作用（Synodinos，1990；Marguerat 和 Cestre，2004；Meinhold 和 Malkus，2005）。

但是，并不是所有的环境知识都会对消费者的态度和购买行为产生积极的影响。Schahn 和 Holzer（1990）曾提出，需要对"抽象的"和"具体的"环境知识加以区分，并指出只有后者才可能对生态友好行为有重要影响。而Frick 和 Kaiser（2004）认为环境知识可分为三类，即系统知识（System Knowledge）、行动知识（Action‐Related Knowledge）和效力知识（Effective-ness Knowledge）。系统知识指"知道是什么"的知识，行动知识是"知道如何做"的知识，效力知识是"分出优劣"的知识。Frick 和 Kaiser 的分类确实有其可取之处，但行动知识和效力知识在消费者进行购买决策时，实际是没法分开的，因为当消费者能分出优劣时就已经知道如何做了，并且绝大多数消费者也无法真正分清孰优孰劣，所以综合上述两者的观点，将对消费者购买决策可能会产生影响的环境知识分为两类：一类属于环境系统知识，即知道影响环境恶化的成因的科学知识；另一类属于环境行动知识，即具体指导购买和使用的行动知识。消费者拥有这两类环境知识越多对环境问题的关注度应该越高，越可能响应企业的环境责任行为。

综上所述，提出以下假设：

假设10a：环境知识在消费者响应之能力信任与购买意愿的关系中起调节作用。

假设10b：环境知识在消费者响应之善意信任与购买意愿的关系中起调节作用。

假设11：环境知识在消费者对企业环境责任行为与消费者响应之购买意愿的关系中起调节作用。

3. 环境感知效力

环境感知效力指消费者对自己和他人对改善环境所做出努力效果的认知和自信。

在第二章中已提及，消费者对环境诉求的态度和反应取决于消费者个体信念的强弱，当消费者认为自己的言行对社会问题产生影响时，他们对以环境保护为诉求的绿色产品或绿色营销策略会有正面、积极的关注，学者们称消费者的这种信念为消费者感知效力。如果消费者认为其自身意见和行为能在一定程度上改变环境恶化或生态失衡问题，则感知效力就产生了（Kinnear等，1974；Webster，1975；Weiner 和 Doescher，1991；Berger 和 Corbin，1992；Roberts，1996）。

然而，消费者对于环境态度和行为之间的关系并非那么直接和简单（Grankvist，Dahlstand 和 Biel，2004），现实中，环境友好型产品也会面临着消费者的漠视甚至是抵制（Anderson 和 Hansen，2004），更有意思的是，30%～40%的环境恶化竟是由于私人家庭消耗所引起的（Grunert，1993）。换句话说，消费者即使信任企业的环境责任能力和善意，也并不一定都会转化成购买行为，消费者感知效力就是一个非常重要的影响因素。因此，提出以下假设：

假设12：环境感知效力在消费者对企业环境责任行为与消费者响应之购买意愿的关系中起调节作用。

4. 规范感知

Heide（1992）在认为规范代表了社会或群体的价值取向，它是社会或特定群体对某种行为的期望。消费者在不确定的环境中时刻感知到规范的压力，为避免风险和不确定性，个体会通过观察他人的行为模式作为自身行动的参照标准，这使得规范内化为消费者自身的价值取向。而规范感知指消费者感知到的相关群体或社会对其本人对环境不负责任行为的约束和压力，其本质是一种从众心理，是个体为迎合整个社会或参照群体而采取的某种行为选择。

消费者内在感知规范表现为对自利行为的约束，这种约束可能来自于社会规范内化后形成的规范信念，也可能来自于遵从规范的外部压力（龙晓枫和田志龙，2010）。

Goldstein 和他的团队（2008）在一家连锁酒店内，针对循环利用毛巾并以此来节约用水的这一行为做了真实研究，他们在酒店洗手间内挂上了倡导顾客参与"循环利用毛巾、节约用水"活动的宣传牌，然后记录顾客是否循环使用了毛巾。通过几个月的数据统计，他们发现，宣传牌上的标语表述方式会显著改变人们参与循环利用毛巾的行为，当标语表述为"循环利用毛巾可以节约水资源"时，客人循环利用毛巾的比例为37.2%；当宣传牌上的标语改为"75%的客人参与了我们的循环利用毛巾活动"时，循环利用毛巾的比例达到44%；当表述为"75%住在您这个房间的客人参与了我们的循环利用毛巾活动"时，这一比例上升到49.3%。这一个研究发现对于如何推动人们参与企业倡导的环境责任行为具有重要的启示。当人们感受到来自他人履行社会规范的压力时，其行为也会随之改变。

消费者对企业环境责任行为做出响应，可能是为了遵循规范的行为方式，或者为实现积极外部性目标，即获得社会和自我认同感，或者为实现避免消极外部性目标，即不响应企业的环境责任行为会受到社会或他人指责。由于消费者自身规范理性程度的差异，即使在相同企业环境责任行为情境的刺激下，最终的响应也可能出现差异性。本书也将消费者规范感知作为信任与最终购买意愿的调节变量进行讨论。因此提出以下假设：

假设13：消费者的规范感知在企业环境责任行为与消费者响应之购买意愿的关系中起调节作用。

（三）理论模型

根据前面的理论推演，提出以下理论模型。在主动的企业环境责任行为刺激下，通过增加消费者对企业能力和善意的信任，从而激发消费者的购买意愿，其间，环境问题认知和环境知识能增加消费者对企业能力和善意的信任，并最终影响消费者的购买意愿，而规范感知和环境感知效力对消费者的购买意愿起到调节作用（如图6-1所示）。

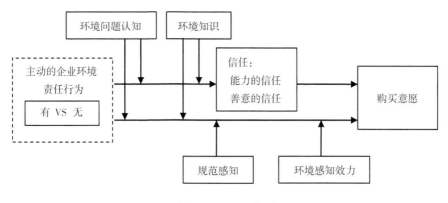

图6-1　理论模型

二、研究方法与设计

（一）研究方法

根据温忠麟等人（2005）的方法，调节效应分析方法根据自变量和调节变量的测量级别而定：①当自变量和调节变量都是类别变量时做方差分析。②当自变量和调节变量都是连续变量时，用带有乘积项的回归模型，做层次回归分析：先做因变量 Y 对自变量 X 和调节变量 M 的回归，得测定系数

$R_1{}^2$。再做因变量 Y 对自变量 X、调节变量 M 和 XM（自变量与调节变量乘积）的回归得 $R_2{}^2$，若 $R_2{}^2$ 显著高于 $R_1{}^2$，则调节效应显著；或者做 XM 的偏回归系数检验，若显著，则调节效应显著。③当调节变量是类别变量、自变量是连续变量时，做分组回归分析。④但当自变量是类别变量、调节变量是连续变量时，不能做分组回归，而是将自变量重新编码成为伪变量，用带有乘积项的回归模型，做层次回归分析。

本书主要测量环境问题认知、环境知识、环境感知效力和规范感知在企业环境责任行为与消费者响应之间的调节效应。因自变量企业环境责任行为属于类别变量时（自变量分别为有主动的环境责任行为与无主动的企业环境责任行为），环境问题认知、环境知识、环境感知效力和规范感知可视为连续的调节变量，则自变量应使用伪变量，并将自变量和调节变量中心化，采用层次回归分析法。先做 Y 对 X 和 M 的回归，得测定系数 $R_1{}^2$；再做 Y 对 X、M 和 XM 的回归得 $R_2{}^2$，若 $R_2{}^2$ 显著高于 $R_1{}^2$，则调节效应显著。或者做 XM 的回归系数检验，若显著，则调节效应显著。

因此，本书主要应用分层多元回归来检验假设。第一步先检验控制变量的影响，第二步加入自变量，第三步再加入自变量与情境变量的交互影响。而后用判定系数 R^2 以及 F 检验来判定拟合优度，R^2 越大，表示模型中能够被解释部分的比例越大，F 检验是对整个回归方程的显著性检验，其值要求大于一个给定的对应值，越大越好（郭志刚，1995）。T 检验分析在一定显著水平下 T 分析的结果大于给定的对应值，则表明回归系数不等于零，模型中变量存在线性关系，自变量对因变量有显著影响。

（二）研究设计

1. 实验设计

实验将被试者分为两组，第一组的刺激材料里仅有企业和产品的大致介绍，第二组除了有与第一组同样的企业和产品介绍外，还增加了某真实的企业已经实施的环境责任行为的介绍。

而对于实验刺激材料的设计，考虑到消费者在购买决策中关注更多的是产品或服务本身的属性和价格等问题，而企业环境责任行为并不是主要的参考因素，因此在实验情境的设计上要选择消费者能真实感受得到，且在购买决策时会关注企业环境责任行为的场景。在前面的研究中，发现消费者对企业采取主动的与生产经营直接相关的环境责任行为的响应更为积极，且在购买与自身健康密切相关的产品时更关注企业环境责任行为，因此选择一家真实的已经实施的环境责任行为的饮用水生产企业作为刺激背景材料。由于各品牌饮用水在功能上并没有太大差异，这样可排除因产品功能和特性给消费者带来的感知差异。此外，为了控制因品牌效应对消费者响应带来的影响，刺激材料中有意隐去企业名和品牌名。

2. 问卷的设计

根据所选择的研究方法，采用问卷调查方式来搜集研究数据。问卷根据以上情境被设计为两套。每套问卷分为四个部分：第一部分简单说明问卷调研目的和致谢。第二部分采用自我报告法，要求被调查者对自己的环境问题认知、环境知识、环境感知效力和规范感知进行自评，评价工具选用国内外相关领域中较具代表性的测量工具。第三部分为企业环境责任行为的具体情境描述。第四部分检测被试对情境描述的感受。对于这个来自于现实的虚拟情境，本书使用两个七点 Likert 量表来检验其真实性（Dabholkar 和 Bagozzi，2002）：“情境描述是真实的”，“使我自己能够身临其境没有任何问题”。第五部分为问卷的主体，通过量表题项来测量本书所要研究的相关变量。然后再根据自己的实际情况继续按要求回答被试者对企业的信任和购买意向等问题。Bollen（1989）建议量表最好为七点尺度，所以被试者回答使用七点 Likert 量表，按 1～7 递进顺序反映对该问题看法的程度差异，其中 1 表示不同意，7 表示非常同意。第六部分为被试者的基本情况选项。

本书中均采用多指标量表来测量各变量，测量变量的题项来自国外文献中的成熟量表，并结合中国的实际和本书的目标对量表进行了修改。为确保所使用的题项与原文的含义一致不会出现偏差，并保证中文语句准确清晰，采用了双向翻译的方法对题项进行了翻译。

在问卷修改和完善阶段，为提高问卷测量的内容效度，邀请了三位本学科的学者和三位企业管理人员对量表修正提出了建议，同时还要求了三位文化程度不高的消费者填答，请他们说出填答过程中遇到的障碍和困难。在此基础上，对一些不恰当和不易被理解的问项进行修改和删除。

3. 变量的测量

（1）环境问题认知。消费者的环境问题认知的测量来自 Baldassare 和 Katz（1992）曾使用过的问项，该变量有四个问题。其中两个问题：一个问题您认为现在环境问题的严重程度怎样（如水和大气污染）；您认为现在的环境问题威胁到您的生存和健康了吗。其回答项与其他变量也采用七点 Likert 量表，但用的是 1 是"不严重"，而最高级 7 表示"非常严重"。而另一个问题：环境任意遭到破坏，如此下去后果不堪设想。回答项与其他问题的回答项一样。

（2）环境知识。环境知识包含环境系统知识和环境购买知识共九题。环境系统知识量表参考 Schlegelmilch（1996）的环境知识量表：我知道温室（全球变暖）效应的成因及后果；我知道臭氧层破坏的成因及后果；我知道酸雨的成因及后果。环境购买知识参考黎建新（2007）的环境知识量表：我知道垃圾分类、回收处理的方法；我知道绿色食品的含义及认证标志；我知道绿色饭店的含义及认证标志；我知道能效标识的含义及认证标志；我知道环境标志的含义及认证标志；我知道无公害、绿色和有机食品的区别。

（3）环境感知效力。消费者环境感知效力的测量综合 Ellen 等人（1991）

和 Roberts（1996）的量表，用四个问句进行测量。其中，有 3 个反向问句，在后期数据处理时，调成正向数据。它们分别是：个体为环境所做的任何事情都是没有价值的；我买任何产品都会尽量考虑它对环境的影响；任何一个人都不可能对污染或自然资源产生影响；总的来说，消费者行为不可能对环境产生积极影响。

（4）规范感知。本书的消费者感知规范通过测量消费者的规范理性来进行，主要是参考龙晓枫（2010）研究规范理性开发的量表，从中选择与环境相关的指标，修正后建立了测量消费者规范感知的量表，该量表有 4 个问题：身边大多数人会购买和使用环保产品；如果身边的人在购买和使用环保产品，我应该和他们一样；我认为自己有义务购买和使用环保产品；如果身边大多数人希望我购买和使用环保产品，那么我会购买。

（三）调研过程

正式实验阶段主要邀请接受业务培训的企业职工、任课班级学生和好友等自愿参与。每次分发实验材料，都随机将两份不同的材料按同等比例发给被试对象，保证两种企业环境责任水平下的实验阅读材料在阅历、年龄的相同人群中均匀分布，且比全部使用学生样本更有说服力。

阅读实验刺激材料前，先测量消费者的环境问题认知、环境知识、环境感知效力和规范感知程度，以避免刺激材料对消费者的个人特质的诱导。

本次实验共发材料 400 份，回收有效问卷 386 份（见表 6 - 1）。

表 6 - 1　样本结构

属　性	组　别	类　别	数　量（名）	百分比（％）
性别	有环境责任行为组	男	102	26. 43
		女	95	24. 61
	无环境责任行为组	男	93	24. 09
		女	96	24. 87
年龄	有环境责任行为组	20 岁以下	8	2. 07
		21 ~ 30 岁	71	18. 39
		31 ~ 40 岁	64	16. 58
		41 ~ 50 岁	38	9. 85
		51 岁以上	16	4. 15
	无环境责任行为组	20 岁以下	9	4. 81
		21 ~ 30 岁	72	2. 33
		31 ~ 40 岁	61	29. 81
		41 ~ 50 岁	35	15. 80
		51 岁以上	12	3. 11
教育水平	有环境责任行为组	高中及以下	10	2. 59
		大学	126	32. 64
		硕士及以上	61	15. 80
	无环境责任行为组	高中及以下	9	2. 33
		大学	117	30. 31
		硕士及以上	63	16. 32
收入状况（月收入）	有环境责任行为组	3000 元以下	69	17. 88
		3000 ~ 5000 元	55	14. 25
		5000 ~ 10000 元	66	17. 10
		10000 元以上	7	1. 81
	无环境责任行为组	3000 元以下	65	17. 62
		3000 ~ 5000 元	60	15. 55
		5000 ~ 10000 元	64	16. 58
		10000 元以上	10	2. 59

三、研究结果

（一）数据质量分析

1. 环境问题认知量表质量分析

环境问题认知量表采用了 Baldassare 和 Katz（1992）的现成量表。环境问题认知各题项之间的相关系数中，各题项之间的相关系数均为正值，不存在互斥现象，说明 3 个题项对环境问题认知具有相当高的测量信度（见表 6 - 2）。

表 6 - 2　环境问题认知各题项相关系数

	a1	a2	a3	均值
a1	1			
a2	0. 500 **	1		
a3	0. 324 **	0. 305 *	1	
均值	0. 801 **	0. 847 **	0. 702 **	1

注：** 表示在 0. 01 的水平上显著；* 表示在 0. 05 的水平上显著。

环境问题认知量表的信度分析中，总体 Cronbach's α 值为 0. 751，超过了 0. 7 的门槛值，这表明量表内部一致性较好。经主成分因素分析只抽出一个有效因子，总方差解释量为 56. 237%，超过 50% 的门槛值，说明该量表是可以接受的（见表 6 - 3）。

表6-3 环境问题认知量表的信度分析结果

环境问题认知	题项数	因子载荷	Cronbach's α
	3		0.751
a1 您认为现在环境问题的严重程度怎样（如水和大气污染）		0.772	
a2 您认为现在的环境问题威胁到您的生存和健康了吗？		0.741	
a3 环境任意遭到破坏，如此下去后果不堪设想		0.704	

2. 环境知识量表质量分析

环境知识量表综合了 Schlegelmilch（1996）和黎建新（2007）的量表。环境知识各题项之间的相关系数中，各题项之间的相关系数均为正值，不存在互斥现象，说明 9 个题项具有较高的测量信度（见表6-4）。

表6-4 环境知识各题项相关系数

	b1	b2	b3	b4	b5	b6	b7	b8	b9	均值
b1	1									
b2	0.876**	1								
b3	0.772**	0.768**	1							
b4	0.367**	0.431**	0.468**	1						
b5	0.428**	0.420**	0.541**	0.543**	1					
b6	0.304**	0.369**	0.364**	0.423**	0.537**	1				
b7	0.374**	0.387**	0.442**	0.491**	0.608**	0.650**	1			
b8	0.360**	0.407**	0.416**	0.482**	0.597**	0.662**	0.783**	1		
b9	0.331**	0.330**	0.411**	0.533**	0.659**	0.512**	0.538**	0.620**	1	
均值	0.711**	0.738**	0.767**	0.699**	0.790**	0.717**	0.787**	0.795**	0.733**	1

注：**表示在 0.01 的水平上显著。

环境知识量表的信度分析中，总体 Cronbach's α 值为 0.902，远超过了 0.7 的门槛值，这表明量表内部一致性较好。经主成分因素分析，抽出两个有效因子，斜交旋转后因子载荷较高，说明环境知识至少可以分为两类：一类是环境系统知识；另一类是环境行动知识，两类环境知识的 Cronbach's α

值分别为 0.925 和 0.891，均超过 0.7 的门槛值，说明该量表的信度是可以接受的（见表 6 - 5）。

表 6 - 5　环境知识量表的信度分析结果

环境知识	题项数	旋转后因子载荷	Cronbach's α
环境系统知识	3		0.925
b1 我知道温室（全球变暖）效应的成因及后果		0.888	
b2 我知道臭氧层破坏的成因及后果		0.867	
b3 我知道酸雨的成因及后果		0.787	
环境行动知识	6		0.891
b4 我知道垃圾分类、回收处理的方法		0.660	
b5 我知道绿色食品的含义及认证标志		0.789	
b6 我知道绿色饭店的含义及认证标志		0.798	
b7 我知道能效标识的含义及认证标志		0.853	
b8 我知道环境标志的含义及认证标志		0.874	
b9 我知道无公害、绿色和有机食品的区别		0.796	
环境知识	9		0.902

3. 环境感知效力量表质量分析

环境感知效力量表综合了 Ellen 等人（1991）和 Roberts（1996）的量表。环境感知效力量表中设有反向问题，在信度分析时对反向数据进行处理后，对各题项进行相关分析。各题项之间的相关系数均为正值，不存在互斥现象，说明 4 个题项对感知效力具有相当高的测量信度（见表 6 - 6）。

表 6 - 6　感知效力各题项相关系数

	e1	e2	e3	e4	均值
c1	1				
c2	0.284 **	1			
c3	0.368 **	0.208 *	1		

	e1	e2	e3	e4	均值
c4	0.353 **	0.215 *	0.506 **	1	
均值	0.718 **	0.648 *	0.804 **	0.802 **	1

注：**表示在 0.01 的水平上显著；* 表示在 0.05 的水平上显著。

环境感知效力量表的信度分析中，总体 Cronbach's α 值为 0.783，超过了 0.7 的门槛值，这表明量表内部一致性较好。经主成分因素分析只抽出一个有效因子，总方差解释量为 64.36%，超过 50% 的门槛值，说明该量表是可以接受的（见表 6 - 7）。

表 6 - 7　环境感知效力量表的信度分析结果

	题项数	因子载荷	Cronbach's α
感知效力	4		0.783
c1 个体为环境所做的任何事情都是没有价值的（R）		0.794	
c2 我买任何产品都会尽量考虑它对环境的影响		0.701	
c3 任何一个人都不可能对污染或自然资源产生影响（R）		0.763	
c4 总的来说，消费者行为不可能对环境产生积极影响（R）		0.787	

4. 规范感知量表分析

主观规范量表借鉴了龙晓枫（2010）研究规范理性时开发的量表，从中选择了与环境相关的问项，各题项之间的相关系数均为正值，不存在互斥现象，4 个题项在测量主观规范的上具有相当高的测量信度（见表 6 - 8）。

表6－8　规范感知各题项相关系数

	d1	d2	d3	d4	均值
d1	1				
d2	0.296 *	1			
d3	0.437 **	0.428 **	1		
d4	0.433 **	0.379 **	0.587 **	1	
均值	0.658 *	0.758 **	0.821 **	0.802 **	1

注：**表示在0.01的水平上显著；*表示在0.05的水平上显著。

规范感知的量表的信度分析中，总体 Cronbach's α 值为0.796，超过了0.7的门槛值，这表明量表内部一致性较好。经主成分因素分析只抽出一个有效因子，总方差解释量为68.16%，超过50%的门槛值，说明该量表是可以接受的（见表6－9）。

表6－9　规范感知量表的信度分析结果

	题项数	因子载荷	Cronbach's α
主观规范	4		0.796
d1 身边大多数人会购买和使用环保产品		0.696	
d2 如果身边的人在购买和使用环保产品，我应该和他们一样		0.801	
d3 我认为自己有义务购买和使用环保产品		0.786	
d4 如果身边大多数人希望我购买和使用环保产品，那么我会购买		0.812	

5. 量表效度分析

结构效度的测量主要可以采用三种方法来实现：①通过模型系数评价结构效度；②相关系数评价结构效度；③先构建理论模型，通过验证性因子分析的模型拟合情况来对量表的结构效度进行考评。

对于量表的构念效度，本书通过收敛效度与判别效度来评估，也就是运用验证性因子分析（CFA）、组合信度（CR）、平均变异抽取量（AVE）和各个构念的相关矩阵进行检验。当 CR 值大于 0.6 时结果在可接受范围内，若提取的 AVE 值大于等于 0.5，同时被测题项的因子载荷水平不低于 0.4，则说明潜变量的测量有足够的收敛效度。本书采用相关矩阵来测量判别效度，在各个构念的相关矩阵中，如果 AVE 平方根的值大于其所在行和列的相关系数值，则说明这一构念的量表具有很好的判别效度（Fornell 和 Larcker，1981）。

效度分析本书使用了 Anderson 和 Gerbing（1988）提出的两步骤程序。首先，用验证性因子分析评价构念效度，然后检查假设。使用 AMOS5.0 来检查每个测量构念的判别效度和收敛效度。测量模型表现出了较高水平的拟合度：$\chi^2/df = 1.905$，NFI = 0.930，RFI = 0.909，CFI = 0.965，GFI = 0.919，RMSEA = 0.054。

用 AMOS 5.0 做确定性因子分析的结果，可以看出，大多数构念的标准化因子载荷的值都大于 0.7，所有构念的 CR 值都大于 0.7，最低为 0.80，AVE 的值都大于 0.5，这说明所使用量表具有很好的收敛效度（见表 6-10）。

表 6-10　关键变量的验证性因子分析结果

变量	项　目	因子载荷
能力信任 α = 0.732 CR = 0.863， AVE = 0.615	我信任该企业产品和服务的质量	0.818
	该企业是一家有实力的企业	0.798
	该企业的产品和服务给我一种安全感	0.786
善意信任 α = 0.748 CR = 0.831， AVE = 0.621	该企业是一家有责任心的企业	0.849
	该企业对消费者的态度是真诚的	0.785
	我认为该企业能诚实地对待消费者	0.658

续表

变量	项目	因子载荷
购买愿意 α = 0.801 CR = 0.901， AVE = 0.662	我会在这家企业购买大部分相关产品和服务	0.791
	这家企业是我购买相关产品和服务的第一选择	0.704
	我更愿意尝试该企业推出的新产品和服务	0.712
环境问题认知 α = 0.751 CR = 0.825， AVE = 0.701	您认为现在环境问题的严重程度怎样（如水和大气污染）	0.772
	您认为现在的环境问题威胁到您的生存和健康了吗？	0.741
	环境任意遭到破坏，如此下去后果不堪设想	0.704
环境系统知识 α = 0.925 CR = 0.947， AVE = 0.941	我知道温室（全球变暖）效应的成因及后果	0.888
	我知道臭氧层破坏的成因及后果	0.867
	我知道酸雨的成因及后果	0.787
环境行动知识 α = 0.891 CR = 0.935， AVE = 0.917	我知道垃圾分类、回收处理的方法	
	我知道绿色食品的含义及认证标志	0.660
	我知道绿色饭店的含义及认证标志	0.789
	我知道能效标识的含义及认证标志	0.798
	我知道环境标志的含义及认证标志	0.853
	我知道无公害、绿色和有机食品的区别	0.874
规范感知 α = 0.796 CR = 0.825， AVE = 0.701	身边有不少人在购买和使用环保产品	0.696
	如果身边的人在购买和使用环保产品，我应该和他们一样	0.801
	我认为自己有义务购买和使用环保产品	0.786
	如果身边大多数人希望我购买和使用环保产品，那么我会购买	0.812
环境感知效力 α = 0.783 CR = 0.904， AVE = 0.723	个体为环境所做的任何事情都是没有价值的（R）	0.801
	我买任何产品都会尽量考虑它对环境的影响	0.786
	任何一个人都不可能对污染或自然资源产生影响（R）	0.812
	总的来说，消费者行为不可能对环境产生积极影响（R）	0.787
$\chi^2/df = 1.905$，NFI = 0.930，RFI = 0.909，CFI = 0.965，GFI = 0.919，RMSEA = 0.054		

注：R表示反向问句。

（二）研究假设检验

1. 环境问题认知的调节作用

本书期望当消费者的环境问题认知越高时，其因企业环境责任行为所产生的对企业能力和善意信任越高，购买意愿也越高。为检验消费者的环境问题认知的调节作用，本书采用分层多元回归方程，用两个模型来分析数据，模型1检验自变量和调节变量的作用，模型2在模型1的基础上增加自变量与调节变量的交互作用。回归分析结果见表6-11和表6-12。

表6-11　环境问题认知对企业环境责任行为与消费者信任关系的调节作用

	能力信任				善意信任			
	模型1		模型2		模型3		模型4	
变量	β	t	β	t	β	t	β	t
环境责任行为	0.414	6.157**	0.415	6.159**	0.289	4.909**	0.209	4.913**
性别	0.03	0.566	0.03	0.554	0.066	1.237	0.066	1.234
环境问题认知	0.040	0.098	0.045	0.612	0.049	0.752	0.193	2.761*
环境责任行为×环境问题认知			0.005	0.049			0.025	0.314
模型F	8.899**		6.542**		9.974**		6.768**	
经过调整的 R^2	0.276		0.281		0.277		0.301	
经过调整的 R^2 的增加值			0.005				0.024	
分层F检验			1.67				3.18**	

注：**表示在0.01的水平上显著。

通过以上分析，作为控制变量的性别，一直未对因变量产生显著的影响。而企业环境责任行为与消费者对企业能力信任之间的关系也未受到消费者环境问题认知的调节作用（$\beta_1 = 0.005$，$t_1 = 0.049$；$\beta_2 = 0.045$，$t_2 = 0.612$），因此，假设8a不成立。而企业环境责任行为与消费者对企业善意信任之间的关系却受到消费者环境问题认知的调节作用（$\beta_1 = 0.025$，$t_1 = 0.314$；$\beta_2 = 0.193$，$t_2 = 2.761$），且消费者环境问题认知对企业环境责任行为与企业善意信任之间的调节作用显著，因此，假设8b成立。

表6-12 环境问题认知对企业环境责任行为与购买意愿关系的调节作用

变量	模型1		模型2	
	购买意愿		购买意愿	
	β	t	β	t
功能性责任行为	0.362**	6.12	0.362**	6.11
性别	0.025	0.459	0.025	0.458
环境问题认知	0.236	3.68**	0.197	2.37*
环境责任行为×环境问题认知			0.183	2.01*
模型F	8.27**		9.56**	
经过调整的R^2	0.281		0.342	
经过调整的R^2的增加值			0.061	
分层F检验			3.38*	

注：**表示在0.01的水平上显著。

通过以上分析，作为控制变量的性别，一直未对因变量产生显著的影响。而环境问题认知显著调节企业环境责任行为与消费者购买意愿之间的关系（$\beta_1 = 0.197$，$t_1 = 1.68$；$\beta_2 = 0.157$，$t_2 = 1.97$），因此假设9成立。

2. 环境知识的调节作用

本书期望当消费者的环境知识越多，其因企业环境责任行为所产生的对企业能力和善意信任越高，购买意愿也越高。为检验消费者的环境知识的调节作用，本书采用分层多元回归方程，用两个模型来分析数据：模型1检验自变量和调节变量的作用；模型2在模型1的基础上增加自变量与调节变量的交互作用。回归分析结果见表6-13和表6-14。

表 6-13　环境知识对企业环境责任行为与消费者信任关系的调节作用

变量	善意信任				能力信任			
	模型 1		模型 2		模型 3		模型 4	
	β	t	β	t	β	t	β	t
环境责任行为	0.332	4.345**	0.331	4.342**	0.289	4.909**	0.209	4.913**
性别	0.074	0.985	0.131	0.061	0.066	1.237	0.066	1.234
环境系统知识	0.095	1.085	0.101	1.127	0.049	0.752	0.065	0.724
环境行动知识	0.077	0.894	0.083	0.944	0.037	0.424	0.061	0.703
环境责任行为 × 环境系统知识			0.064	0.658			0.139	2.067*
环境责任行为 × 环境行动知识			0.021	0.211			0.009	0.101
模型 F	1.041		0.923		1.078		1.855	
经过调整的 R^2	0.032		0.035		0.034		0.088	
经过调整的 R^2 的增加值			0.003				0.054	
分层 F 检验			0.77				1.18	

注：**表示在 0.01 的水平上显著。

通过以上分析，作为控制变量的性别，一直未对因变量产生显著的影响。而企业环境责任行为与消费者对企业能力信任之间的关系也未受到消费者环境知识的调节作用（$\beta_{11} = 0.064$，$t_{11} = 0.658$；$\beta_{12} = 0.083$，$t_{12} = 0.944$；$\beta_{21} = 0.021$，$t_{21} = 0.211$；$\beta_{22} = 0.083$，$t_{22} = 0.944$），因此，假设 10a 不成立。而企业环境责任行为与消费者对企业善意信任之间的关系也未受到消费者环境系统和行动知识的调节作用（$\beta_{31} = 0.139$，$t_{31} = 2.067$；$\beta_{32} = 0.065$，$t_{32} = 0.009$；$\beta_{41} = 0.101$，$t_{41} = 0.424$；$\beta_{42} = 0.061$，$t_{42} = 0.703$），且消费者的环境行动知识企业环境责任行为与企业善意信任之间的调节作用不显著，因此，假设 10b 也不成立。

表 6 – 14　环境知识对企业环境责任行为与购买意愿关系的调节作用

变量	模型 1		模型 2	
	购买意愿		购买意愿	
	β	t	β	t
环境责任行为	0.170	1.984 *	0.168	1.988 *
性别	0.036	− 0.471	0.034	0.458
环境系统知识	0.118	1.373	0.144	1.614
环境行动知识	0.065	0.769	0.068	0.777
环境责任行为 × 环境系统知识			0.094	1.030
环境责任行为 × 环境行动知识			0.021	0.238
模型 F	1.57		0.988	
经过调整的 R^2	0.036		0.043	
经过调整的 R^2 的增加值			0.007	
分层 F 检验			1.08	

注：* 表示在 0.05 的水平上显著。

通过以上分析，作为控制变量的性别，一直未对因变量产生显著的影响。而环境系统和行动知识也未显著调节企业环境责任行为与消费者购买意愿之间的关系（$β_{11} = 0.094$，$t_{11} = 1.030$；$β_{12} = 0.144$，$t_{12} = 1.614$；$β_{21} = 0.021$，$t_{21} = 0.238$；$β_{22} = 0.068$，$t_{22} = 0.777$），因此假设 11 不成立。

3. 环境感知效力的调节作用

本书期望当消费者的感知效力越高时，其因企业环境责任行为所产生的对企业能力和善意信任越高，购买意愿也越高。为检验消费者的感知效力的调节作用，本书采用分层多元回归方程，用两个模型来分析数据：模型 1 检验自变量和调节变量的作用；模型 2 在模型 1 的基础上增加自变量与调节变量的交互作用。回归分析结果见表 6 – 15。

表6-15　环境感知效力对企业环境责任行为与消费者购买意愿关系的调节作用

变量	模型1		模型2	
	购买意愿		购买意愿	
	β	t	β	t
环境责任行为	0.393**	7.10	0.392**	6.08
性别	0.048	0.333	0.019	0.360
感知效力	0.115	1.322	0.115	1.323
环境责任行为×感知效力			0.093	0.725
模型F	2.475*		2.286	
经过调整的 R^2	0.188		0.193	
经过调整的 R^2 的增加值			0.005	
分层F检验			1.36	

注:**表示在0.01的水平上显著。

通过以上分析,作为控制变量的性别,一直未对因变量产生显著的影响。而调节变量(感知效力)的系数不显著,且自变量与调节变量积的系数也不显著,也就是说,企业环境责任行为与消费者购买意愿之间的关系受到消费者感知效力的调节作用($β_1 = 0.093$, $t_1 = 0.725$; $β_2 = 0.115$, $t_2 = 1.323$)。因此,假设12并未得到支持。

4. 规范感知的调节作用

本书期望当消费者的规范感知越强时,其因企业环境责任行为所产生购买意愿也越高。为检验消费者的规范感知的调节作用,本书采用分层多元回归方程,用两个模型来分析数据:模型1检验自变量和调节变量的作用;模型2在模型1的基础上增加自变量与调节变量的交互作用。回归分析结果见表6-16。

表6-16 规范感知对企业环境责任行为与购买意愿关系的调节作用

变量	模型1		模型2	
	购买意愿		购买意愿	
	β	t	β	t
环境责任行为	0.344**	4.159	0.322**	3.112
性别	0.052	1.475	0.077	0.246
规范感知	0.146*	1.980	0.151*	2.132
环境责任行为×规范感知			0.167*	2.960
模型F	3.233**		3.698**	
经过调整的R²	0.216		0.235	
经过调整的R²的增加值			0.019	
分层F检验			3.87**	

注：* 表示在0.05的水平上显著；** 表示在0.01的水平上显著。

通过以上分析，控制变量的性别，未对因变量产生显著的影响。而除了企业环境责任行为本身对消费者的购买意愿产生显著影响外，规范感知也会消费者购买意愿与企业环境责任行为的关系有显著调节作用（$\beta_1 = 0.167$，$t_1 = 2.960$；$\beta_2 = 0.151$，$t_2 = 2.132$），因此假设13得到支持。

5. 调节变量对购买意愿的综合影响

通过分层回归我们证实只有环境责任行为、环境问题认知和规范感知会对消费者最终的购买意愿产生影响，但各变量哪个对消费者的购买意愿影响更大，还需进一步测量，我们采用逐步带入回归法，将上述各变量带入，并增加性别年龄、受教育程度和收入水平等人口统计变量进行回归，仅有环境问题认知和规范感知进入回归方程，其他变量被排除在回归方程之外，从回归结果看，消费者认为环境问题给人们造成的负面影响程度越高，以及消费者对规范的感知程度越高对最终的购买意愿影响也越大，环境问题认知和规范感知分别解释了16.5%和15.6%的变异，也就是说环境问题认知对消费者购买意愿的影响要略高于规范感知。而以前假设的消费者的环境知识和环境感知效力对其购买意愿有显著的影响，并未得到支持（见表6－17）。

表6－17　调节变量对购买意愿影响分步回归结果

模型	未标准化系数		标准化系数	T值	Sig.
	B	标准化误	β		
环境问题认知	0.134	0.056	0.165	2.375	0.018
规范感知	0.172	0.077	0.156	2.245	0.026
环境责任行为	0.145	0.102	0.152	2.012	0.048
模型 F	4.562				
$AdjR^2$	0.207				

四、本章结论与讨论

（一）小结

通过分层和分步回归分析，上文的部分假设得到了验证，但仍有一些假设与最初的研究期望有出入，将本章研究结果归纳起来（见表6－18）。

表6－18　研究假设的检验结果汇总表

假设	研究假设陈述	检验结果
H8a	环境问题认知在企业环境责任行为与消费者响应之能力信任的关系中起调节作用	不支持
H8b	环境问题认知在企业环境责任行为与消费者响应之善意信的关系中起调节作用	支持
H9	环境问题认知在企业环境责任行为与消费者响应之购买意愿的关系中起调节作用	支持

续表

假设	研究假设陈述	检验结果
H10a	环境知识在企业环境责任行为与消费者响应之能力信任的关系中起调节作用	不支持
H10b	环境知识在企业环境责任行为与消费者响应之善意信任的关系中起调节作用	不支持
H11	环境知识企业环境责任行为与消费者响应之购买意愿的关系中起调节作用	不支持
H12	环境感知效力在消费者对企业环境责任行为与消费者响应之购买意愿的关系中起调节作用	不支持
H13	规范感知在消费者对企业环境责任行为与消费者响应之购买意愿的关系中起调节作用	支持

因此，得到调整后的模型如图 6 - 2 所示。

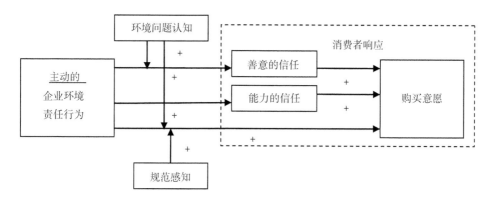

图 6 - 2　调整后的理论模型

通过本章研究我们得到以下结论：

（1）消费者个人特质中的环境问题认知和规范感知对消费者响应企业环境责任行为有调节作用。其中消费者环境问题认知越强对企业善意的信任和购买意愿的调节作用越强，但对消费者的企业能力信任没有起到调节作用；而环境知识和环境感知效力对消费者的信任以及购买意愿未见显著的调节作用。

（2）消费者对环境问题认知的程度对消费者响应企业环境责任行为的调

节效果要略优于规范感知，且明显高于环境知识和环境感知效力。

(二) 讨论

原假设中，有几个变量会对消费者响应企业环境责任行为产生作用，但并未在实证中得到支持，分析原因如下：

（1）消费者对环境问题认知程度的不同，并不会影响他们对企业能力的信任，而会影响他们对企业善意的信任和购买意愿。这可能是由于对环境问题认知程度越高，感受到因环境问题给自身利益带来的威胁和损失的可能性就越大，他们越关注企业环境责任行为，并推测这种行为的动机是否出于善意，并选择购买具有善意动机企业的产品或服务，以避免可能的给自己利益带来的威胁和损失。而对环境问题认知程度并不能促使人们相信企业的生产与经营的能力，这可能是因为对环境问题认知程度越高，更多的去关注企业环境责任行为能如何避免自己的损失，以及通过直接的产品属性来判断企业的能力，而不是间接地通过附加的企业环境责任行为来形成对企业能力的信任。

（2）环境系统知识和环境行动知识的多少并不能调节消费者对企业环境责任行为响应，这与（Wood，1982；Pickett 等 1995）研究的结论相类似。也许是因为环境知识越丰富，信息量过大反而被一些相互矛盾的知识所迷惑，不能准确判断知识的真伪；而环境知识越少，没有环保意识，也不会关注和考虑企业环境责任的问题。因此，环境知识的调节作用不显著。

（3）环境感知效力对消费者最终的购买意愿调节作用并不显著。也许是因为消费者平时并未主动考虑自己能为解决环境问题采取哪些具体的行动，更多的依赖政府或相关组织采取措施来改善环境问题，消费者的环境感知效力不管是平时关注环境问题的消费者还是不关注的消费者，环境感知效力的程度变化都不大，这个可从统计数据中得到证实。因此，在对消费者购买意愿的影响相关度不高，调节作用也不显著。

（4）环境问题认知对最终的购买意愿的影响比规范感知程度高，而规范感知又比环境知识和环境感知效力对消费者响应企业环境责任行为更强，说明人们更关注环境问题给自己的健康和利益带来的损失，从而容易改变自己的消费习惯。规范感知虽比环境问题认知对消费者响应企业环境责任行为的影响较小，但相比其他影响因素，其调节效应较显著，说明在带有利他性质的环保问题上，社会规范也是改变人们消费方式和习惯的重要影响因素。也可以说，消费者之所以会响应企业的环境责任行为，既有为避免损失的利己因素，又有为降低外部规范带来的压力的利他因素。

第七章　消费者响应企业环境责任活动的例证

一、问题的提出

饭店企业的环境责任活动比其他行业更需要消费者深度参与，也更容易被消费者感知。饭店企业履行环境责任不仅可以满足环境友好的消费需求，也可能为自身带来各种好处，例如降低能源消耗和运营成本，增强公司的品牌形象、品牌资产和公众认可（Erdogan 和 Tosun，2009；Han 等，2010；Namkung 和 Jang，2012；Teng 等，2012）。因此，本章以消费者响应绿色饭店企业的环境责任活动为例，研究消费者面对更具体的企业环境责任活动将如何反应。

绿色饭店指在规划、建设和经营过程中，坚持以节约资源、保护环境、安全健康为理念，以科学的设计和有效的管理、技术措施为手段，以资源效率最大化、环境影响最小化为目标，为消费者提供安全、健康服务的饭店[1]。

---

[1]　中华人民共和国国家质量监督检验检疫总局，中国国家标准化管理委员会. 绿色饭店国家标准 GB/T 21084－2007［M］. 北京：中国标准出版社，2007.

绿色饭店也是带动全社会形成勤俭节约、适度消费理念，营造节约型社会良好氛围的有效方式。绿色饭店的观念及评级制度在国外早已推出，例如美国推出的《绿色住宿业指南》（Greening the Lodging Industry），加拿大在1998年推出的《绿叶酒店生态评级项目》（Hotel Association of Canada – Green Leaf Eco – rating Program），以及由联合国生态环境计划赞助的《绿叶生态评级项目》（Green Leaf Eco – rating Program）等，都致力于将环保的理念融入饭店的经营与实践中。在亚洲，泰国也已经有相关的评级制度。而中国先后推行了三个绿色饭店标准：商业行业标准《绿色饭店等级评定规定》（SB/T10356—2002）、旅游行业标准《绿色旅游饭店》（LB/T 007—2006）以及国家标准《绿色饭店》（GB/T 21084—2007）。国家标准根据商业和旅游行业标准以及其他地方标准制定，自国家标准颁发后，商业行业标准废止，2008年1月1日开始执行《绿色饭店国家标准》。那么消费者在选择住宿饭店时是否考虑过环保因素，他们对饭店采取的绿色措施如何响应，不同的消费者在对待饭店所开展的环境责任活动的态度是否存在差异，仍有待深入研究。

二、研究假设

国外学者Kamal和Jauhari（2007）针对印度旅客对绿色措施的态度和行为进行了探索性的研究，他们发现印度的旅客有了一定的环保意识，在服务相同的情况下会优先选择环保型旅店，但不愿意为此支付额外的费用。此外，国内外也有不少学者对会影响消费者的绿色认知和绿色消费的因素做了大量的研究。很多学者提出，许多消费者并非不关心环境问题，但由于收入有限，在实际做出购买决策时，实用主义就会占上风。来自北京的一项调查显示，

家庭月收入在 1000 元以下的人对 5% 的绿色产品溢价一般不接受（GUO,
2001）。此外，教育水平对绿色消费行为也会产生较大影响。Van Lier 和 Dun-
lap（1981）的研究结果表明，年轻、受过良好教育、政治上比较自由的人群
比其他人群更关心环境。中国的研究也表明，教育水平高的一组消费者对绿
色产品溢价接受能力更强（叶碧华等人，2003）。

根据消费者行为理论，再综合以上学者的研究成果，提出下列研究假设：

假设 14：饭店是否推行环保会显著影响消费者的住宿选择。

假设 15：消费者对绿色饭店的认知会影响其消费意愿。

假设 16：消费者的个人特质会影响绿色饭店认知。

三、研究方法和数据收集

为了解消费者对绿色饭店的认识及绿色环保措施的认可程度，研究小组
随机地对湖南、湖北、河南、河北、广东、海南、福建、青海、浙江的 20 个
城市的国内消费者进行了问卷调查。

根据研究需要，参考国内外有关文献设计调查问卷，并从 2007 年版《绿
色饭店国家标准》中抽取部分与消费者相关的条款编制成问句，以调查消费
者对饭店企业履行具体环境责任活动的反应。此次调查的内容涉及饭店顾客
对绿色饭店的认知、绿色饭店认知与消费意愿之间的关系，以及顾客的个人
特性与绿色饭店的认知的关系等三方面，所有问题均以选择题的形式出现，
备选答案根据 Likert 七点评分法做适当的调整，按程度依次递进，予以不同
的分值来反映程度的差异，通过分值的大小来分析中国顾客对绿色饭店及其
绿色措施的实际认知程度。对调查结果运用 SPSS 软件进行描述性统计分析及

统计检验，获得相关分析结果。为检验被测者回答的信度，在选项中有意设置了反相问题，由此剔除部分无效问卷。

样本的回收情况：调查共发放了 500 份问卷，收回有效问卷 378 份，回收有效率为 75.6％。回收问卷自成样本，每一份问卷都代表着一种结果，反映的是一种现实状况，从抽样推断角度看，此结论是可以代表和说明总体的，因此本次调查有积极意义。

四、调查结果分析

（一）基本资料分析

此次被调查的男性占 55％，女性占 45％。在年龄方面，20 岁以下 6％，21～30 岁 41％，31～40 岁 34％，41～55 岁 18％。在受教育程度方面，高中及以下 38％，大学 55％，硕士及以上 7％。在收入方面，月收入 2000 元以下 38％，2001～3500 元 38％，3501～5000 元 15％，5000 元以上 8％。在职业方面，公务员 9％，企业职工 43％，文教科技 6％，自由职业 14％，其他 28％。在每年住店次数方面，3 次以下的 29％，4～6 次的 30％，7～10 次的 16％，11 次以上的 25％。在旅客住宿主要目的方面，公务活动 41％，旅游观光 22％，探亲访友 5％，其他 32％。住店主要类型方面，二星以下 21％，三星 41％，四星 23％，五星 5％。根据以上数据可推测本次调查主要为常住中档饭店的中青年企业员工。

（二）消费者对绿色饭店和绿色消费的知晓程度

为避免后面的题项对绿色饭店和绿色消费的知晓程度的影响，本问卷一开始就问及是否知道什么是绿色饭店。通过频次分析，没听说过的占30.7%、听说过但不清楚的占45.5%、大概知道的占20.9%、很清楚的占2.9%。从统计结果看，消费者对绿色饭店知晓程度很低。

（三）　消费者选择住宿评估要素分析

根据江佳蓉（2002）关于消费者对选择饭店住宿的主要考虑因素的文献中，提到八个主要影响因素，它们分别是：饭店周边交通是否便利、饭店收费是否合理、饭店的配套设施和服务是否方便齐全、饭店内部环境是否整洁优雅、饭店是否有促销活动、饭店外观是否新颖、饭店是否提供免费早餐、饭店员工是否友善。除此之外，本书又增加了饭店的品牌声望和饭店是否推行环保两项因素，并根据各评价要素的重要程度，用 Likert 七点评分法，以 1 表示很不重要、7 表示很重要，让饭店顾客选择。统计结果按重要性大小排列（见表 7 - 1）。

表 7 - 1　消费者选择住宿评估要素重要程度分析表

题项	题　目	均值	标准差	标准误
1	饭店员工是否友善	6.18	1.373	0.071
2	饭店内部环境是否整洁、优雅	6.15	1.300	0.067
3	饭店收费是否合理	6.12	1.351	0.069
4	饭店的配套设施和服务是否方便、齐全	6.05	1.238	0.064
5	饭店周边交通是否便利	5.74	1.541	0.079
6	饭店的品牌声望	4.87	1.617	0.083
7	饭店是否推行环保	4.45	1.731	0.089
8	饭店外观是否新颖	4.23	1.594	0.082
9	饭店是否提供免费早餐	3.99	1.891	0.097
10	饭店是否有促销活动	3.43	1.695	0.087

由此可看出，影响消费者选择饭店的主要因素为饭店员工是否友善、饭

店内部环境是否整洁优雅、饭店收费是否合理、饭店的配套设施和服务是否方便齐全、饭店周边交通是否便利这五项因素，而饭店是否推行环保不是消费者选择饭店考虑的主要因素，但从统计结果看大多数消费者已经具有一定的环保意识。

（四）消费者对需要配合的环保措施的认知

用七点 Likert 评分法测量消费者对需要配合的环保措施的认知，以 1 表示完全反对、7 表示完全同意。从统计分析结果看，人们对节电、节水、垃圾分类回收、使用再生纸、提供绿色食品、使用挤压式清洁剂持赞同的态度；对使用野生动、植物持明显的反对态度；对客房使用多次用洗衣布袋、有环境计划书的态度不明确；而对不必提供"六小件"和不必每天换布草持反对态度，但不同消费者的态度差异很大（见表 7 - 2）。

表 7 - 2 消费者对需要配合的环保措施认知程度分析表

题项	题 目	均值	标准差	标准误
1	饭店采用节水措施是重要的，如使用节水马桶，减小水龙头出水量等	5.06	1.594	0.082
2	饭店采用节电措施是重要的，如使用节能灯、离人关闭所有电源、空调开小一点	5.48	1.583	0.081
3	客房应采用再生纸，如卫生纸、便笺纸等	5.05	1.655	0.085
4	可以接受饭店不提供一次性洗漱用品，如牙膏、牙刷、梳子等	3.97	2.118	0.109
5	可以接受客房采用挤压式容器盛装的洗发精、沐浴露等	4.96	1.736	0.089
6	客房不必每天更换浴巾和毛巾、床单等布草	2.99	2.186	0.112
7	洗衣袋应使用可多次使用的布袋	4.13	1.930	0.099
8	客房中必须有环境管理计划书	4.61	1.447	0.074
9	饭店内应设置废物分类回收桶	5.51	1.367	0.071
10	饭店的餐厅应提供绿色食品	5.63	1.500	0.077
11	如果饭店提供珍稀野生动物，我会选择食用	2.74	1.616	0.083
12	如果饭店提供珍稀野生植物，我会选择食用	3.01	1.770	0.091

（五）消费者的消费意愿

从统计结果看，大多数人都愿意配合并支持饭店的环保行动，但对价格仍然较敏感（见表 7 - 3）。

表 7 - 3　消费者消费意愿分析表

题项	题　目	均值	标准差	标准误
1	饭店是否全面实施环保措施是我选择消费的重要因素之一	4.94	1.380	0.071
2	饭店推行环保措施使价格高一点，我仍可接受	4.42	1.545	0.079
3	我会配合饭店推行的环保措施	5.38	1.476	0.076
4	如果饭店能真正提供绿色食品，即使价格贵一点我也可以接受	4.87	1.534	0.079
5	饭店推行的环保措施对我的舒适度有一定的影响，但对环保有利，我仍会积极配合	5.08	1.497	0.077
6	如果饭店确实是绿色饭店，下次我会优先考虑	5.44	1.508	0.078

（六）消费者对绿色饭店的认知、态度与消费意愿的相关分析

从相关系数分析结果看，节电、客房备环境管理计划书、设分类回收垃圾桶、提供绿色食品对消费者选择饭店有影响；节水、节电、不提供一次性洗漱用品、客房备环境管理计划书、提供绿色食品与旅客对价格的认可有一定的影响；人们对节电、客房有环境管理计划书、设置分类回收桶、提供绿色食品等措施与愿意配合程度的相关性高；但不提供一次性洗漱用品、不必每天更换布草和使用多次使用洗衣布袋会影响旅客的再次消费意愿（见表 7 - 4）。

表 7 - 4　消费者对绿色饭店的认知、态度与消费意愿的相关分析

（表格中数字为相关系数）	消费意愿					
	1	2	3	4	5	6
对绿色饭店环保措施的认知						
1. 饭店采用节水措施是重要的	0.073	0.273**	0.184**	0.267**	0.203**	0.232**
2. 饭店采用节电措施是重要的	0.204**	0.221**	0.360**	0.326**	0.315**	0.352**
3. 客房应采用再生纸，如卫生纸、便签纸等	0.079	0.179**	0.103*	0.191**	0.106*	0.124*
4. 可以接受饭店不提供一次性洗漱用品	-0.002	0.241**	0.119*	0.169**	0.141**	-0.018
5. 可以接受客房采用挤压式容器	-0.034	0.118*	0.159**	0.162**	0.191**	0.148**
6. 客房不必每天更换浴巾和毛巾、床单等布草	0.119*	0.188**	0.025	0.094	0.100*	-0.017
7. 洗衣袋应使用可多次使用的布袋	-0.056	0.171**	0.043	0.090	0.103*	-0.014
8. 客房中必须有环境管理计划书	0.340**	0.160**	0.501**	0.216**	0.353**	0.369**
9. 饭店内应设置废物分类回收桶	0.260**	0.112*	0.506**	0.285**	0.363**	0.370**
10. 饭店的餐厅应提供绿色食品	0.283**	0.184**	0.367**	0.318**	0.393**	0.559**
11. 如果饭店提供珍稀野生动物，我会选择食用	-0.097	-0.125*	-0.150**	0.097	-0.100	-0.155**
12. 如果饭店提供珍稀野生植物，我会选择食用	-0.001	-0.114*	-0.057	0.136**	-0.018	-0.049

消费意愿（为方便标注各消费意愿分别由数字代表）*、**分别表示相关系数的显著值 < 0.05、0.01

①饭店是否全面实施环保措施是我选择消费的重要因素之一。②饭店推行环保措施使价格高一点，我仍可接受。③我会配合饭店推行的环保措施。④如果饭店能真正提供绿色食品，即使价格贵一点我也可以接受。⑤饭店推行的环保措施对我的舒适度有一定的影响，但对环保有利，我仍会积极配合。⑥如果饭店确实是绿色饭店，下次我会优先考虑。

（七） 消费者个人特征对绿色措施认知的影响

为了分析样本资料各项差异的来源，以检验两个以上母体平均数是否相等或是否具有显著差异，本书又进行了单因素方差分析。针对 8 个消费者属

性因子（性别、年龄、受教育程度、收入、职业、住宿次数、住宿目的、住店类型），对饭店采取的绿色措施分别进行单因素方差分析，表中加粗数值为显著性 P＜0.05 的 F 检验值。从分析结果看：男性对客房采用再生纸的认同程度高于女性；而不同年龄的人群对节电、餐厅应提供绿色食品、食用野生植物有不同看法，41～55 岁的消费者对节电和餐厅应提供绿色食品持较高的支持态度，56 岁以上的消费者反对食用野生植物的态度更明显；教育程度的高低对客房应用再生纸、不提供一次性洗漱用品、采用挤压式容器清洁剂的态度有显著影响，学历越高对客房应用再生纸和采用挤压式容器清洁剂的态度越支持，学历低者对不提供一次性洗漱用品反对态度明显；收入的高低对不必每天换布草和使用反复用洗衣袋的看法有一定的差异，收入高者反对不必每天换布草较高，而支持使用反复用洗衣袋的也较高；职业对各项绿色措施影响差异不大；而一年中住宿次数的多寡与采用挤压式容器清洁剂和食用野生动物的态度有显著差异，经常住店的消费者越支持采用挤压式容器清洁剂，但反对食用野生动物却较低；住宿目的不同对节水、节电、不提供一次性洗漱用品、采用挤压式容器清洁剂的态度有显著差异，多重住宿目的的消费者节水、节电、采用挤压式容器清洁剂的意向较高，商务目的住宿的消费者对不提供一次性洗漱用品反对较高；此外，住低星级饭店消费者对设置分类回收桶支持度反高于住高星级的消费者（见表 7－5）。

表 7－5　消费者个人特征与绿色措施认知单因素分析 F 检验值汇总表

题项	题　目	性别	年龄	教育程度	收入	职业	住宿次数	住宿目的	住店类型
1	饭店采用节水措施是重要的	0.030	0.0447	1.927	1.285	0.915	1.157	3.350	0.232
2	饭店采用节电措施是重要的	0.348	4.485	1.596	0.783	0.772	0.733	2.476	2.164
3	客房应采用再生纸	5.879	1.299	10.92	0.667	0.872	2.080	1.714	0.659

题项	题目	性别	年龄	教育程度	收入	职业	住宿次数	住宿目的	住店类型
4	可以接受饭店不提供一次性洗漱用品	0.972	0.627	3.288	1.805	1.742	1.711	3.216	0.586
5	可以接受客房采用挤压式容器	1.467	0.629	3.699	1.099	0.269	2.712	2.311	1.260
6	客房不必每天更换布草	0.119	0.758	0.970	2.860	1.270	1.489	1.548	2.032
7	洗衣袋应用可多次使用的布袋	3.129	0.740	1.851	3.306	1.348	2.489	1.844	1.487
8	客房中必须有环境管理计划书	0.230	0.328	0.547	1.182	1.338	0.235	0.628	1.126
9	饭店内应设置废物分类回收桶	0.426	0.625	0.512	1.248	1.022	0.417	1.262	3.737
10	饭店的餐厅应提供绿色食品	2.885	3.389	0.133	0.583	2.286	1.676	0.576	0.082
11	如果饭店提供珍稀野生动物，我会选择食用	0.807	1.288	0.431	0.539	0.878	3.041	0.634	0.175
12	如果饭店提供珍稀野生植物，我会选择食用	0.100	2.491	2.153	0.650	0.983	2.275	0.824	0.135

注：* 加粗数值为显著性 P < 0.05 的 F 检验值。

（八） 消费者个人特征对推行环保措施态度的影响

为检验两个以上变量平均数是否具有显著差异，又针对 8 个消费者属性因子（性别、年龄、受教育程度、收入、职业、住宿次数、住宿目的、住店类型）与消费者对饭店推行环保措施的态度分别进行单因素方差分析，并将分析结果整理如下表，加粗数值为显著性 P < 0.05 的 F 检验值。从分析结果看：不同的性别对"环保措施对舒适度有影响，但仍会积极配合"的态度有显著差别，女性的耐受配合度高于男性；而不同年龄的消费者对价格的敏感度不同，31 ~ 40 岁的消费者比其他年龄段的消费者愿意为绿色消费出更多的钱；不同职业的消费者对"推行环保可以提高知名度"、"可以接受绿色食品价格贵一点"、"环保措施对舒适度有影响，但仍会积极配合"这三方面的态度有区别，其中公司职员对"可以接受绿色食品价格贵一点"、"环保措施对

舒适度有影响,但仍会积极配合"持赞成态度高于其他职业者;住店次数每年7~10次的愿意出高一点价格支持环保的消费者明显高于其他消费者;观光旅游的消费者比商务和探亲访友的消费者更愿意配合环保措施;而经常入住三星酒店的消费者耐受配合度,以及对绿色饭店的再购意愿高于其他消费者(见表7-6)。

表7-6 消费者个人特征与推行环保措施态度单因素分析F检验值汇总表

题项	题目	性别	年龄	学历	收入	职业	住宿次数	住宿目的	住店类型
1	饭店是否全面实施环保措施是我选择消费的重要因素之一	1.767	1.850	1.452	0.971	0.941	0.989	1.113	2.030
2	饭店推行环保措施使价格高一点,我仍可接受	0.107	4.190	0.355	1.546	0.974	3.003	2.151	0.925
3	我会配合饭店推行的环保措施	0.178	1.077	0.270	0.708	2.216	0.073	2.969	0.875
4	如果饭店能真正提供绿色食品,即使价格贵一点我也可以接受	0.088	5.231	0.331	1.088	2.921	1.608	1.906	0.450
5	饭店推行的环保措施对我的舒适度有影响,我仍会积极配合	3.961	3.764	0.089	0.735	2.447	0.290	0.783	2.838
6	如果饭店确实是绿色饭店,下次我会优先考虑	0.020	0.929	0.200	0.509	0.712	1.120	1.345	2.942

注:* 加粗数值为显著性 $P < 0.05$ 的 F 检验值。

五、本章小结

综上所述,可以得到以下结论:

（1）饭店是否推行环保不是消费者住宿选择的主要因素，而是参考因素；

（2）旅客对绿色饭店的认知仅仅是一项经济性的行为，而不是负有社会责任的环保行为，旅客对绿色饭店和绿色消费的认知程度很低，我们的环保教育有待推广与加强；

（3）人们对在日常生活中经常接触和耳闻的环保措施支持配合度较高，但对绿色饭店的特殊环保要求，不同消费者的反应差异很大，如不提供一次性洗漱用品、不必每天更换布草和使用可多次使用的洗衣布袋等方面有相当一部分旅客不支持；

（4）在旅客对绿色饭店认知与消费意愿的关系方面，除了客房使用再生纸、不提供一次性洗漱用品、不必每天更换布草和使用可多次使用的洗衣布袋外，两者基本是相关的，即旅客对绿色饭店的认知越高，其消费意愿就越高；

（5）旅客对饭店推行环保的态度越支持，其消费意愿就越高；

（6）旅客的个人特质对不同环保措施的认知程度有差异，也有影响；

（7）学历和收入不同的旅客其消费意愿没有显著差异，这一结论与某些学者以其他商品为样本得出的结论有所不同，该点有待商榷。

基于上述结论，提出以下几点建议：

（1）加强绿色饭店宣传、培养绿色消费观念。从调查结果可看出，目前绝大多数消费者对绿色饭店的认知程度非常低。因此，饭店应向客人宣传饭店的环保计划和创意，饭店为客人提供绿色产品与服务，让客人认识它，了解它，并购买它，而且在消费过程中体现绿色消费的精神。基层员工也要树立"绿色消费"意识。饭店要使"环保、生态、绿色"的理念深入人心，服务第一线的基层员工要做好饭店的绿色消费宣传工作，引导消费者进行绿色消费，让消费者认识到绿色消费是一种高尚文明行为。此外，国家机构、行业组织应该对绿色饭店进行大力宣传。应当通过各种媒体，例如电视、报刊、网络等，对饭店的绿色经营理念和绿色消费概念进行宣传，还可以通过某些公益性活动来宣传企业的绿色形象，如通过绿色赞助活动及慈善活动等，来唤醒消费者的绿色消费意识。

（2）强化绿色饭店意识、树立绿色形象。饭店是一个人口密集度较高的场所，会产生大量的生活垃圾和噪音。为了饭店业的可持续发展，管理层应充分意识到创建绿色饭店的必要性，只有饭店树立了创建绿色饭店的目标，制定了相应的制度和采取了相应的措施，营造出绿色的环保氛围，才会引导并带动员工们积极地朝这个方向努力，并且通过多渠道（例如：灯箱广告、服务指南手册、内部广告和宣传小册子等）向消费者渗透绿色饭店的理念，引导消费者的绿色消费。饭店若能树立起绿色形象便能赢得更多消费者的信赖与支持，例如瑞典的 SANGA SABY 会议中心，从 1993 年开展环保活动以来，客房率直线上升，酒店内最先卖掉的客房就是绿色环保客房（王湘君，2007）。

（3）从消费者角度出发制定绿色营销策略。消费者是饭店实施绿色活动的主体，是饭店的特殊合作伙伴，没有消费者的理解与支持，绿色饭店活动将无法正常开展。所以制定绿色营销策略的前提是要考虑消费者的需求，从而才可能让此营销策略成功实施。如消费者在绿色饭店消费会因提供绿色食品、绿色客房造成消费者支付总成本的增加，或是减少了部分服务和服务设施，从而减少了消费者的让渡价值，饭店可以采取一定的措施降低消费者支付的成本，并对其价值进行补偿。例如，当顾客多天使用客房时，若没有要求更换床上用品或一次性用品，可给予积分奖励，积分可用来抵下次消费折扣，或用来交换小礼品。既让消费者真切感受绿色消费带来的价值，又加强消费者的再购意愿。

（4）加强政策导向作用，赢得全社会的支持。绿色营销的实施只有通过政府的正确导向和社会各界的大力支持和积极配合，才能顺利实现。政府可通过强化绿色导向，制定相关的政策、法规，实行强制性的绿色管理。政府要发挥其职能，支持饭店业的绿色营销，严格执行法律、法规，并制定相关的排污、排废标准。对超标者或拒绝执行保护环境的相关法规、政策者进行严厉的处罚；对于表现优秀者实施绿色奖励政策。最重要的是对"绿色标志"要严格发放和管理，使消费者能在真正的绿色饭店放心消费，从而达到社会、企业和消费者"三赢"的效果，即社会节能减排、企业降耗增效、消费者保值提质。

（5）在青少年教育中增加绿色消费观教育。青少年时期正是人生观、价值观逐渐形成的关键时期，只有让青少年形成正确的消费观，才有助于未来社会的可持续发展。绿色消费观在西方的许多富裕国家越来越有影响力，而它对于生活在逐渐富裕起来的中国青少年而言，有很强的现实意义。绿色消费观作为一种新的消费观念，是比过度消费更丰富、更时尚的生活结构，是一种以简朴、方便和健康为目标的生活观念和生活方式。绿色消费观主张"够用就可以了，不必最大、最多、最好"。它摒弃了"增加和消费更多的财富就是幸福"的价值观。心理学研究表明，消费与个人幸福之间的关系是微乎其微的。生活在20世纪的人们比世纪初的祖先们平均富裕4.5倍，但是他们并没有比祖先们幸福4.5倍（Durning，1992）。学校、家庭和社会应在绿色消费观的指导下，对学生的教育、宣传"以艰苦奋斗为荣，以骄奢淫逸为耻"的观念，从而心理上拒绝浪费。而且新时代的节俭已不仅仅是珍惜劳动创造的财富，反对财富浪费，更要懂得珍惜自然资源，反对资源浪费。因此，在青少年教育中增加绿色消费观教育，有助于尽早形成绿色消费观念，成为新世纪高素质的绿色消费者。

第八章 研究结论、启示与展望

一、研究结论

通过对文献的梳理，以及对典型消费者的深度访谈，发现企业环境责任行为种类有很多。消费者不可能对所有信息进行感知，而是感知那些最明显、对形成判断最必要的信息（Taylor，1981）。因此，先用多维尺度和语义差异分析方法来辨析、简化消费者对企业环境责任行为的认知维度，然后在此基础上通过组间实验，用方差分析、交互效应检验和分层回归分析，验证了消费者对企业环境责任行为的响应模型。将研究结果归纳如下：

1. 消费者响应与不响应企业环境责任行为的原因

从消费者的陈述中，我们归纳出消费者会对企业环境责任行为做出响应的原因主要有三个：①感觉到环境问题给自己的生存造成了威胁；②企业环境责任行为作为某种质量信号给消费者传达了消费信心；③响应企业环境责任行为的消费者认为这样做会提升消费者的群体认同，也就是消费者的主观规范在潜意识中影响了他们积极响应的行为。

而不会对企业环境责任行为认知与响应的原因也有三个：①没有直接感

受到环境问题给自己造成的风险；②过多的负面报道，致使消费者对行为企业的不信任；③企业的沟通方式没有与消费者的价值观、目标或需求一致。

2. 消费者对企业环境责任行为的认知维度

研究结果表明，消费者对企业环境责任行为的判断是遵循一定的内隐规则，这些规则反映了消费者对企业环境责任行为分类的内在过程以及评价维度。

通过对多维语义和语义差异量表测得的结果进行综合分析得出：消费者对企业环境责任的判断主要依据企业采取此类行为的动机，既是主动预防性的行为，也是被动补救性的行为；而是否与生产经营直接相关或间接相关的归因，会作为消费者评判的第二维度。也就是说，在这两个认知维度下的四类企业环境责任行为，在消费者心目中存在认知差异。

3. 消费者对部分类型的企业环境责任行为的响应存在差异

通过4个不同类型的实验组和1个参照组的对比实验，发现消费者对企业的信任普遍高于消费者的购买意愿。而在主动预防性的企业环境责任行为的刺激下，消费者对企业的信任和购买意愿都高于参照组，而在增加了被动的企业环境责任行为信息的情况下，消费者的购买意愿反而低于参照组。

主动的企业环境责任行为与被动的企业环境责任行为对能力信任、善意信任和购买意愿的影响存在显著差异；但与参照组相比，主动的企业环境责任行为除了未对善意信任产生显著的影响外，均对能力的信任和购买意愿产生显著的影响；而被动的企业环境责任行为与无企业环境责任行为相比，在能力信任、善意信任和购买意愿存在显著的差异。

与生产经营直接相关和与生产经营不直接相关的企业环境责任行为对能力的信任和购买意愿的影响不存在显著的差异，而对善意信任存在显著差异，且只是在直接和不直接的企业环境责任行为之间存在显著差异；各变量与参照组相比，基本不存在显著的差异。

4. 企业环境责任行为对消费者信任的影响

消费者因企业环境责任行为产生的信任，实际上也是消费者对企业环境责任行为的一种内部心理响应。根据刺激—机体—反应和知信行理论的观点，外部信息的刺激将通过消费者因此产生的信任，最终影响到消费者的购买和使用的行动响应。

本书结果表明，虽然企业环境责任行为会对消费者信任产生一定的影响，但不是所有的责任行为都会使消费者对企业的信任产生积极的影响，而且不同类型的企业环境责任行为对企业能力信任和善意信任的影响也存在差异。

主动预防性的环境责任行为对消费者信任的影响显著高于被动补救性环境责任行为。当企业主动地采取与生产不直接相关的环境责任行动时，更能激发消费者对企业能力的信任；而当企业被动地采取与生产不直接相关的环境责任行动时，消费者对企业能力的信任最低，甚至还不如企业不采取任何环境责任行动。当企业主动地采取与生产直接相关的环境责任行动时，更能提高消费者对企业善意的信任；而当企业采取被动与生产经营间接相关的环境责任行动时，消费者对企业善意的信任最低，甚至还不如企业不采取任何环境责任行动。

此外，企业是否采取主动预防性的环境责任行为是影响消费者对企业能力信任的关键因素，而企业环境责任行为是否与生产经营直接相关并没有显著影响消费者对企业能力的信任。但是，除了主动预防性的环境责任行为会显著影响消费者对企业善意信任之外，企业环境责任行为是否与生产经营直接相关也会显著影响消费者对企业善意信任。

5. 企业环境责任行为对消费者购买意愿的影响

企业环境责任行为会对消费者购买意愿产生一定的影响，且不同类型的企业环境责任行为对消费者的购买意愿的影响也存在差异。主动预防性的环境责任行为对消费者购买的影响显著高于被动补救性环境责任行为，而直接相关和不直接相关的企业环境责任行为对消费者购买意愿的影响差异不显著。消费者的购买意愿的改变主要取决于企业采取的是否主动的环境责任行为，而环境责任行为与生产经营是否直接相关对消费的购买意愿影响不大。但当企业主动地采取与生产直接相关的环境责任行动时，更能提高消费者的购买意愿，而当企业采取被动的环境责任行动时，消费者的购买意愿最低，甚至还不如企业不采取任何环境责任行动。

此外，还发现企业环境责任行为对消费者购买意愿的影响，有一部分是先作用于消费者对企业能力和善意的信任，当信任产生后，再对消费者购买意愿产生影响。虽然单独看，善意信任比能力信任对购买意愿的影响要大，但信任被看作企业环境责任行为与购买意愿之间的中介因素时，能力信任要强于善意信任。

6. 环境问题认知的调节作用

当消费者对环境问题认知的程度越高时，消费者因企业环境责任行为所产生的对企业能力和善意信任越高，购买意愿也越高。这说明人们在因环境问题带来的恐惧感越强，越容易改变其自身的消费行为，更积极的响应企业的环境责任行为。

7. 规范感知的调节作用

规范感知虽然与对企业能力和善意的信任无直接关联，但消费者作出购买决策之时会产生影响，当消费者个人规范感知越强时，就越可能对企业环境责任行为作出积极的响应。

8. 环境问题认知比规范感知对消费者响应企业环境责任行为的影响更大

虽然环境问题认知和规范感知都会对消费者响应企业环境责任行为产生影响，但环境问题认知比规范认知对消费者响应企业环境责任行为的影响更大。也就是说，消费者内心对环境问题影响自身利益的关注比对外部规范对自己行为的改变更为敏感。因此，让消费者认识到环境问题给自己切实利益带来的负面影响来改变消费者响应环保行动的沟通效果最好。

9. 消费者对企业具体的环境责任行为的响应程度不高

饭店是否推行环保不是消费者住宿选择的主要因素，而是参考因素。旅客对绿色饭店和绿色消费的认知程度很低，我们的环保教育有待推广与加强。人们对在日常生活中经常接触和耳闻的环保措施支持配合度较高，且旅客对饭店推行环保的态度越支持，其消费意愿就越高。旅客的个人特质对不同环保措施的认知程度有差异，也有影响。

二、管理启示

通过对消费者企业环境责任行为认知维度的研究，以及消费者对企业环境责任行为的响应模型的研究，由此可得到以下管理启示：

1. 积极主动的企业环境责任行为促进消费者积极的响应

企业积极主动地承担环境责任会给企业带来良好的信誉，增加了消费者对企业能力和善意的信任，进而影响消费者的购买行为。也可以说，消费者对企业的信任也是消费者对企业评价的一种社会积累，它会带给消费者一种标志性的特征的感知，会加强企业在消费者脑海中的印象。当消费者在进行购买决策时，会在记忆中提取有关企业的相关信息进行联想，消费者的这种标志性特质的感知就会得到强化，进而影响消费者购买行为。消费者会认为有着良好信誉的企业其能力应该更强，它们应该能提供更好的产品和服务。

企业积极主动地承担环境责任会在消费者心目中树立了"企业公民"的好形象，并向消费者传递自己独特的气质信号，为消费者产生对企业认同提供了理由。虽然企业能力也是企业形象和个性中的关键组成部分，但当前基于生产能力的企业差异越来越小，尤其是在成功企业中，企业的社会责任信息比产品和服务方面的成绩更加本质、独特和持久的代表企业身份（夏文静，2010）。Sen 和 Bhattacharya（2004）也曾指出企业承担社会责任的意愿及表现是影响企业认同度的关键因素。随着消费者环保意识的提高，以及对绿色产品偏好的加强，企业把积极承担环境责任转化为企业的一种独特的价值观，并把这种信号传递给消费者，使消费者的价值观与企业价值观相契合，得到消费者的认同。同时，也能提升自身的企业形象，获得更大的发展空间。

2. 积极主动的企业环境责任行为能降低消费者风险感知

消费者在选择产品、服务时普遍存在着感知风险，感知风险的高低影响着消费者的购买决策。企业主动采取环境责任行为是向消费者传达主动自律的信息，这种自律行为增强了消费者对产品和服务的认知度和对企业的信任度，一定程度上降低了消费者的风险感知，从而赢得更多的消费者，在激烈的市场竞争中脱颖而出。

3. "不务正业"的补救环境责任行为有害无益

根据本书的研究结果，发现无论从消费者对企业能力和善意的信任，还是消费者的购买意愿的影响来看，企业从事与生产经营无直接关系的被动的补救环境责任活动都远低于其他的企业环境责任行为，甚至还低于不采取任何的环境责任行为。因此，这种企业与自身生产经营无直接的补救或"跟风"式的"不务正业"的环境责任行为即耗费了企业宝贵的资源和有限的精力，又给大多数消费者造成企业环境责任行为具有商业目的，纯粹是一种"伪善的表演"的印象，从而导致消费者漠视企业的环境责任行为（Smith 和 Stodghill，1994）。

而"务正业"的补救式的环境责任行为虽然也是被动的补救，但它却能提升消费者对企业能力的信任，尤其在企业处理危机公关问题时，有助于改善企业形象，增强企业信誉度。

4. 提升消费者环境问题认知和规范感知，形成良性互动

消费者对环境问题的认知和规范感知是消费者对环境诉求的个人信念，当消费者认为自己的言行对社会问题产生影响时，他们对以环境保护为诉求的绿色产品或绿色营销策略会有正面、积极的关注。虽然，消费者的规范感知是个体内心对自身影响环境的一种判断和信念，但这种判断和信念也可以通过外部环境去影响，它需要政府、企业、公众和非盈利组织共同参与，而从企业的角度仍然有很多工作可做。

现有调查和研究的资料显示，无论是发达国家和像中国这样的发展中国家，大多数的消费者开始意识到环境保护的重要性，但在实际购买和使用等过程中，其绿色消费行为并不稳定，人们会随着不同的情境，感知效力也在发生变化。究其原因，Ottman（1993）归纳出的普通绿色消费者的四大需求为我们提供了答案，这四大需求分别是：①对信息的需求；②可控制的需求；③独特性需求；④维持目前生活方式的需求。因此，企业可以根据这些需求特征，从以下几个方面着手来提升消费者的环境问题认知和规范感知：

（1）制定持续的环境营销战略。企业从事环境责任活动可能一开始并不能马上转化为消费者的"货币选票"。因为，消费者熟悉并接受企业环境责任行为需要一个感知—判断—怀疑—尝试—再认知—接受—忠诚的过程，这一过程可能需要多年的持续经营才能最终达到企业所期望的消费者忠诚。但企业通过长期一贯的努力，最终会将这种对环境负责任的企业形象转化为企业独特的竞争优势。所以，需要企业根据自身特点和消费者关注的诉求点，制定持续的环境营销战略，并坚定不移地围绕这一主题展开一系列的具体活动，必将增加消费者对企业和产品与服务的信任和购买。

（2）增加环境宣传中的恐惧诉求。在广告宣传中我们经常使用的有两种手段，一种是情感诉求，另一种是恐惧诉求，这两种方式容易说服人们改变原有的消费习惯和购买方式。因此，在平时的消费教育中要增加环境污染给人们带来的严重影响，尤其是与个人利益直接相关的问题会给人类生存和健康带来哪些严重的影响后果，使人们产生一定的恐惧感和威胁感，更能激发消费者对环境问题的关注，从而形成绿色消费行为。

（3）提供明显的环境标识信息。在消费市场中，商品和服务的种类和数量繁多，消费者不可能对商品和服务的环保属性详细加以了解，在购买和使用过程中，也极少有能力和精力对它们进行甄别。根据 Peattie（2001）的绿色购买认知矩阵理论，可从两个角度来提升消费者的感知效力，一方面通过增强消费者的购买信心；另一方面尽量降低消费者的让渡成本。环境标识作为由政府或权威的非营利性组织提供的认证标识和识别标识，在提高购买信心和降低让渡成本中的时间成本提供了公正的保障。

为降低消费者的识别和决策成本，在商品包装或其他显眼的位置，提供一套有公信力的环境标识，可使消费者在进行购买决策时快速而准确地选择有益于减轻环境负担，并有益于自身健康的带有环境标识的产品或服务。

（4）创造独特的绿色群体认同。以往的研究发现有自主绿色消费意识的消费者一般受过良好的教育，这部分消费群体选择绿色消费的生活方式，不仅仅为节约生活成本，更多的表明一种对社会和环境负责任的生活态度，表明自己属于某些符合价值观的群体。通过这种方式可能牺牲某些便利性的方式，得到某一特殊群体的认同（Gupta 和 Ogden，2009）。因此，在媒体广告中，企业可通过一些画面和语言暗示，绿色生活方式是一种时尚、一种积极的生活态度，并运用正面鼓励的沟通方式，激发消费者对企业环境责任行为以及绿色消费行为的认同。

（5）建立绿色消费信息引导平台。利用互联网、企业内部刊物等媒介建立信息平台，宣传和引导绿色消费行为。在这些媒体上，企业可以为消费者和员工提供企业的环境责任的宗旨、活动、措施和方案，环境责任报告，以及如何合理地利用本企业的产品和服务达到节能环保的效果，如何识别安全、节能、环保的产品，如何使用和处置产品能降低环境负担，其他消费者做了哪些有益于环保的活动，等等。

三、研究创新、局限与展望

（一）创新之处

（1）研究视角的创新。以往研究大多从法律和企业经营者的视角来探讨企业环境责任及其表现是什么，而本书从消费者视角，发掘消费者能够识别的企业环境责任行为，并运用多维尺度和语义差异法分析与验证消费者对企业环境责任行为的认知图式。

（2）研究内容的创新。以往的企业社会责任研究中虽然提及环境责任的问题，但并没有将企业的环境责任行为细化为几个类别对比研究，本书通过实验法测试消费者对不同的企业环境责任行为的反应，发现消费者对与生产经营是否相关的企业环境责任行为并不在意，而会对是主动或是被动的企业环境责任行为的响应存在差异。

（3）研究模型的改进。本文综合营销学、认知心理学的理论，在原有计划行为理论、"知信行"模型和亲环境行为模型的基础上，演化出消费者响应企业环境责任行为的"态度—情境—行为"整合模型，揭示出从企业环境责任行为到消费者环境责任行为传导机制，找出阻碍和促进环境责任行为的关键点，为经营策略和政策制定提供思路。

（二）研究局限

1. 变量选取的局限性

消费者对企业环境责任行为做出响应的过程中，有很多因素会影响最终的结果，受研究目的和时间的限制，以及保持模型的简洁性，本书只选取了四类环境责任行为作为消费者信任和购买意愿的前置变量，将信任作为购买意愿的中介变量，将消费者内生的环境威胁感、主观规范和环境感知效力作为调节变量，而没有过多的考虑诸如企业行业背景、规模、声誉、环境知识、消费者个人特征等变量对因变量的影响。

2. 抽样样本的局限性

受研究时间和研究经费的限制，本书中的实验采用了学生样本，虽然在实验设计中尽量选择学生们较为熟悉和经常面对的消费情境，但仍不可避免地存在样本对实验场景的熟悉度差异，从而对实验结果带来的影响。

采用学生样本的另一个局限性是，无法考查收入、家庭环境、地理位置、年龄、职业等特征对于实验变量的影响。因此实验结果相对而言是比较单纯的，在实践中应用时应充分考虑其他因素对研究变量的可能影响。

3. 实验设计的局限性

在实验设计中，主要采用情境描述法。即描述一段经过操纵的情境，请被试者想象在该场景下的行为反应。然而，被试者对场景描述的想象与其在真实场景中形成主观感受必然存在差异，尽管试图通过更为形象和详细的场景描述来减少这种差异，但选择该方法所产生的效度损失不可避免。

4. 测量工具的局限性

在本书中，对信任、购买意愿、环境威胁感和感知效力均采用了相关研究中较为成熟的量表作为测量工具。虽然在研究中对上述量表进行了信效度分析，但仅限于学生样本，这些测量工具在中国消费者样本中的信度和效度还有待于进一步检查。

测量工具方面的另一个局限性在于我们对信任、购买意愿、环境问题认知和感知效力的测量并未开发直接的构念测量工具，而是借鉴了相关理论所支持的测量量表，而这些量表是否全面地反映了研究中所界定的构念，仍值得未来研究进一步探索。

（三）研究展望

本书虽根据消费者的认知将企业环境责任行为归为两个维度，并通过实验研究发现只有其中一个维度对消费者响应之信任和购买意愿有显著影响，也就是说，消费者能否对企业的环境责任行为作出积极的响应取决于该行为是否积极主动。那么，当考虑企业不同行业背景或企业的规模后，主动的"务正业"的企业环境责任行为，还是主动的"不务正业"企业环境责任行为更能激发消费者的积极响应？这为继续深入提供了研究机会。

此外，消费者对企业能力和善意信任在企业环境责任行为和消费者的最终购买意愿间的中介作用并非完全中介，消费者的购买意愿也只有少部分来自于企业环境责任行为，除了消费者的环境问题认知和规范感知起到调节作用外是否还有其他关键的中介或调节变量未被研究，还有待下一步继续探讨。

按常理，当人们感觉自己的健康和生活受到外部环境威胁时更容易改变自己的行为，但本书发现，消费者的环境知识和环境感知效力并未让消费者在企业环境责任行为的激发下，显著提升消费者的购买意愿，以及对企业能力信任。那么，怎样的环境知识才能让消费者在行动上发生变化，要用怎样的方式来沟通才能让消费者能积极地响应和配合企业的环境责任行为？这也有待于政府部门、企业和环境教育工作者在今后的工作中进一步研究。

附　录

附录1：访谈提纲

朋友：

您好！

谢谢您在百忙之中安排时间接受本次访谈！本访谈仅用于本人论文的写作。论文中不会直接出现您的姓名等信息，我们会在论文中对您的相关资料用编码进行处理（如 A1，A2 等）。

我的论文主要是为了了解中国的消费者对企业环境责任行为的认知及响应，这有利于推动企业以更负责任的态度和方式保护我们的地球家园。

所有的回答没有对错和好坏之分，您真实的想法和回答是最为宝贵的，对您的访谈将对我的论文写作有很大的帮助。再次谢谢您！

祝万事如意！

本访谈具体内容如下：

对企业环境责任行为的概念进行大致的解释。

　　企业环境责任行为是：企业在经营活动中充分考虑其对环境和资源的影响，把环境保护融入企业经营管理的全过程，使环境保护和企业发展融为一体，在企业获得发展的同时，对环境的保护、资源的持续利用尽到责任，从根本上解决企业经营活动带来的环境损害问题所采取的各种措施和活动。其核心是把环境保护作为企业经营的基础环节，把企业的盈利活动建立在环境保护的基础之上，实现企业经济效益和环境效益的和谐统一。

　　1. 请您根据自己的直觉，谈谈您认为的企业环境责任行为有哪些？（越具体越好，最好能说出 10 种以上）

　　2. 当您作为一名普通的消费者，在购买和使用商品时，您关注过企业的环境责任行为吗？

　　3. 您为什么关注，或者没去关注过企业的环境责任行为？（最好能给出 3 个以上的理由）

　　4. 你在购买何种商品时会关注企业环境责任行为？（大家电、小电器、食品、药品、服装鞋帽、玩具、家具、建材、餐饮服务、办公用品、日化产品和其他）

　　5. 您对现有企业所采取的环境责任行为怎么看？

　　6. 能告诉我您的性别、年龄、职业、学历。
再次感谢您的配合！

附录2：多维尺度分析量表

以下是企业所开展的不同的环境责任行为，请对不同的企业环境责任行为进行两两比较，根据您的感觉判断其异同程度，并在对应的数字上打"√"。谢谢合作。

企业环境责任行为	完全相同	比较相同	说不准	比较不同	完全不同
1. 可持续利用自然资源 VS 减量与处理废物	5	4	3	2	1
2. 可持续利用自然资源 VS 节约能源	5	4	3	2	1
3. 可持续利用自然资源 VS 生产、销售环境友好的产品与服务	5	4	3	2	1
4. 可持续利用自然资源 VS 恢复、补偿环境损害	5	4	3	2	1
5. 可持续利用自然资源 VS 发起环保公益活动	5	4	3	2	1
6. 可持续利用自然资源 VS 赞助环保公益活动	5	4	3	2	1
7. 可持续利用自然资源 VS 自愿采取环境管理措施	5	4	3	2	1
8. 可持续利用自然资源 VS 告知公众相关环境信息	5	4	3	2	1
9. 可持续利用自然资源 VS 宣传普及环境知识	5	4	3	2	1
10. 减量与处理废物 VS 节约能源	5	4	3	2	1
11. 减量与处理废物 VS 生产、销售环境友好的产品与服务	5	4	3	2	1
12. 减量与处理废物 VS 恢复、补偿环境损害	5	4	3	2	1
13. 减量与处理废物 VS 发起环保公益活动	5	4	3	2	1
14. 减量与处理废物 VS 赞助环保公益活动	5	4	3	2	1
15. 减量与处理废物 VS 自愿采取环境管理措施	5	4	3	2	1
16. 减量与处理废物 VS 告知公众相关环境信息	5	4	3	2	1
17. 减量与处理废物 VS 宣传普及环境知识	5	4	3	2	1

企业环境责任行为	完全相同	比较相同	说不准	比较不同	完全不同
18. 节约能源 VS 生产、销售环境友好的产品与服务	5	4	3	2	1
19. 节约能源 VS 恢复、补偿环境损害	5	4	3	2	1
20. 节约能源 VS 发起环保公益活动	5	4	3	2	1
21. 节约能源 VS 赞助环保公益活动	5	4	3	2	1
22. 节约能源 VS 自愿采取环境管理措施	5	4	3	2	1
23. 节约能源 VS 告知公众相关环境信息	5	4	3	2	1
24. 节约能源 VS 宣传普及环境知识	5	4	3	2	1
25. 生产、销售环境友好的产品与服务 VS 恢复、补偿环境损害	5	4	3	2	1
26. 生产、销售环境友好的产品与服务 VS 发起环保公益活动	5	4	3	2	1
27. 生产、销售环境友好的产品与服务 VS 赞助环保公益活动	5	4	3	2	1
28. 生产、销售环境友好的产品与服务 VS 自愿采取环境管理措施	5	4	3	2	1
29. 生产、销售环境友好的产品与服务 VS 告知公众相关环境信息	5	4	3	2	1
30. 生产、销售环境友好的产品与服务 VS 宣传普及环境知识	5	4	3	2	1
31. 恢复、补偿环境损害 VS 发起环保公益活动	5	4	3	2	1
32. 恢复、补偿环境损害 VS 赞助环保公益活动	5	4	3	2	1
33. 恢复、补偿环境损害 VS 自愿采取环境管理措施	5	4	3	2	1
34. 恢复、补偿环境损害 VS 告知公众相关环境信息	5	4	3	2	1
35. 恢复、补偿环境损害 VS 宣传普及环境知识	5	4	3	2	1
36. 发起环保公益活动 VS 赞助环保公益活动	5	4	3	2	1
37. 发起环保公益活动 VS 自愿采取环境管理措施	5	4	3	2	1
38. 发起环保公益活动 VS 告知公众相关环境信息	5	4	3	2	1
39. 发起环保公益活动 VS 宣传普及环境知识	5	4	3	2	1
40. 赞助环保公益活动 VS 自愿采取环境管理措施	5	4	3	2	1
41. 赞助环保公益活动 VS 告知公众相关环境信息	5	4	3	2	1
42. 赞助环保公益活动 VS 宣传普及环境知识	5	4	3	2	1
43. 自愿采取环境管理措施 VS 告知公众相关环境信息	5	4	3	2	1

企业环境责任行为	完全相同	比较相同	说不准	比较不同	完全不同
44. 自愿采取环境管理措施 VS 宣传普及环境知识	5	4	3	2	1
45. 告知公众相关环境信息 VS 宣传普及环境知识	5	4	3	2	1

您的性别：□男 □女

您的年龄：□20 岁以下 □20 ~ 30 岁 □31 ~ 40 岁 □41 ~ 50 岁 □51 岁以上

您的受教育程度：□高中及以下 □大学 □研究生及以上

您的月收入：□3000 元以下 □3000 ~ 5000 元 □5000 ~ 10000 元 □10000元以上

填答完毕。再次谢谢！

附录 3：语义差异分析量表

请仔细考虑下面企业所开展的一些对环境负责任的行动，并分别从每对相反的陈述词对应的数字 "1" ~ "9" 间选择最能代表该项目特征的一个数字，并在数字上打 "√"。谢谢合作。

1. 可持续地利用自然资源 是										
主动预防性的行为	1	2	3	4	5	6	7	8	9	被动补救性的行为
与生产无关的行为	1	2	3	4	5	6	7	8	9	与生产相关的行为

2. 减少废物量与合理处理废物 是										
主动预防性的行为	1	2	3	4	5	6	7	8	9	被动补救性的行为
与生产无关的行为	1	2	3	4	5	6	7	8	9	与生产相关的行为

3. 节约能源 是										
主动预防性的行为	1	2	3	4	5	6	7	8	9	被动补救性的行为
与生产无关的行为	1	2	3	4	5	6	7	8	9	与生产相关的行为

4. 生产、销售环境友好的产品与服务 是										
主动预防性的行为	1	2	3	4	5	6	7	8	9	被动补救性的行为
与生产无关的行为	1	2	3	4	5	6	7	8	9	与生产相关的行为

5. 恢复、补偿对环境的损害 是										
主动预防性的行为	1	2	3	4	5	6	7	8	9	被动补救性的行为
与生产无关的行为	1	2	3	4	5	6	7	8	9	与生产相关的行为

6. 发起环保公益活动 是										
主动预防性的行为	1	2	3	4	5	6	7	8	9	被动补救性的行为
与生产无关的行为	1	2	3	4	5	6	7	8	9	与生产相关的行为

7. 赞助环保公益活动 是										
主动预防性的行为	1	2	3	4	5	6	7	8	9	被动补救性的行为
与生产无关的行为	1	2	3	4	5	6	7	8	9	与生产相关的行为

8. 自愿采取环境管理措施 是										
主动预防性的行为	1	2	3	4	5	6	7	8	9	被动补救性的行为
与生产无关的行为	1	2	3	4	5	6	7	8	9	与生产相关的行为

9. 告知公众相关环境信息 是										
主动预防性的行为	1	2	3	4	5	6	7	8	9	被动补救性的行为
与生产无关的行为	1	2	3	4	5	6	7	8	9	与生产相关的行为

10. 宣传、普及环境知识 是										
主动预防性的行为	1	2	3	4	5	6	7	8	9	被动补救性的行为
与生产无关的行为	1	2	3	4	5	6	7	8	9	与生产相关的行为

答题结束，谢谢！

附录4：第五章问卷

问卷A（参照组）

尊敬的先生/女士：

您好！非常感谢您抽出宝贵的时间填写此份问卷。此问卷为匿名填写，不涉及任何个人隐私，您的答案将是我们研究工作的基础，期待您认真填写，再次感谢您的配合！

——企业环境责任研究小组

请您先仔细阅读下面一段话，然后再回答后面的问题。

×企业是一家经营若干年的企业，其产品和服务有较好的口碑。

请您根据上面一段话的内容，回答如下问题。请根据您的想法在相应数字上打"√"。

项目	很不同意	不同意	稍不同意	说不好	稍同意	同意	很同意
a1 我信任该企业的产品和服务质量	1	2	3	4	5	6	7
a2 该企业是一家有实力的企业	1	2	3	4	5	6	7
a3 该企业的产品和服务给我一种安全感	1	2	3	4	5	6	7
a4 该企业是一家有责任心的企业	1	2	3	4	5	6	7
a5 该企业对消费者的态度是真诚的	1	2	3	4	5	6	7
a6 我认为该企业能诚实地对待消费者	1	2	3	4	5	6	7
b1 我会在这家企业购买大部分相关产品和服务	1	2	3	4	5	6	7

续表

项目	很不同意	不同意	稍不同意	说不好	稍同意	同意	很同意
b2 我认为这家企业是购买相关产品和服务的第一选择	1	2	3	4	5	6	7
b3 我更愿意尝试该企业推出的新产品和服务	1	2	3	4	5	6	7

您的性别：□男 □女

填答完毕，再次谢谢您的配合！

问卷 B（被动—间接组）

尊敬的先生/女士：

您好！非常感谢您抽出宝贵的时间填写此份问卷。此问卷为匿名填写，不涉及任何个人隐私，您的答案将是我们研究工作的基础，期待您认真填写，再次感谢您的配合！

——企业环境责任研究小组

请您先仔细阅读下面一段话，然后再回答后面的问题。

×企业是一家经营若干年的企业，其产品和服务有较好的口碑。最近，×企业发现行业中很多企业纷纷开展了各种各样的环保公益活动，有的还公开向社会公布环境责任信息，×企业也顺应时代潮流开始做一些环保公益活动，取得了一些社会效益。

请您根据上面一段话的内容，回答如下问题。请根据您的想法在相应数字上打"√"。

项目	很不同意	不同意	稍不同意	说不好	稍同意	同意	很同意
上述材料描述的情景是真实的	1	2	3	4	5	6	7
上述材料使我能够身临其境没有任何问题	1	2	3	4	5	6	7
a1 我信任该企业的产品和服务质量	1	2	3	4	5	6	7
a2 该企业是一家有实力的企业	1	2	3	4	5	6	7
a3 该企业的产品和服务给我一种安全感	1	2	3	4	5	6	7
a4 该企业是一家有责任心的企业	1	2	3	4	5	6	7
a5 该企业对消费者的态度是真诚的	1	2	3	4	5	6	7
a6 我认为该企业能诚实地对待消费者	1	2	3	4	5	6	7
b1 我会在这家企业购买大部分相关产品和服务	1	2	3	4	5	6	7
b2 我认为这家企业是购买相关产品和服务的第一选择	1	2	3	4	5	6	7
b3 我更愿意尝试该企业推出的新产品和服务	1	2	3	4	5	6	7
	被动—主动						
我感觉企业的这种环境责任行为更	1	2	3	4	5	6	7
	间接—直接						
我感觉企业的这种环境责任行为与生产经营的关联性更	1	2	3	4	5	6	7

您的性别：□男 □女

填答完毕，再次谢谢您的配合！

问卷 C（主动—间接组）

尊敬的先生/女士：

您好！非常感谢您抽出宝贵的时间填写此份问卷。此问卷为匿名填写，不涉及任何个人隐私，您的答案将是我们研究工作的基础，期待您认真填写，再次感谢您的配合！

——企业环境责任研究小组

请您先仔细阅读下面一段话，然后再回答后面的问题。

×企业是一家已经经营若干年的企业，其产品和服务有较好的口碑。并且从 2006 年起，×企业捐赠近 800 万港币，开展华南湿地保护与合理利用项目，通过教育，培训，调研等方式加强福建漳江口国家级红树林自然保护区和广东海丰省级湿地自然保护区的管理与环保水平。项目开展以来，新建造的位于漳江口高潮位栖息地的水鸟数量较之前增加了 12 倍。在教育方面，项目成功在漳江口的 11 所学校及海丰的 6 所学校开展了可持续发展教育活动，至少吸引了 6500 名师生参与。

请您根据上面一段话的内容，回答如下问题。请根据您的想法在相应数字上打"√"。

项目	很不同意	不同意	稍不同意	说不好	稍同意	同意	很同意
上述材料描述的情景是真实的	1	2	3	4	5	6	7
上述材料使我能够身临其境没有任何问题	1	2	3	4	5	6	7
a1 我信任该企业的产品和服务质量	1	2	3	4	5	6	7
a2 该企业是一家有实力的企业	1	2	3	4	5	6	7
a3 该企业的产品和服务给我一种安全感	1	2	3	4	5	6	7
a4 该企业是一家有责任心的企业	1	2	3	4	5	6	7
a5 该企业对消费者的态度是真诚的	1	2	3	4	5	6	7
a6 我认为该企业能诚实地对待消费者	1	2	3	4	5	6	7
b1 我会在这家企业购买大部分相关产品和服务	1	2	3	4	5	6	7
b2 我认为这家企业是购买相关产品和服务的第一选择	1	2	3	4	5	6	7
b3 我更愿意尝试该企业推出的新产品和服务	1	2	3	4	5	6	7

续表

项目	很不同意	不同意	稍不同意	说不好	稍同意	同意	很同意
	被动—主动						
我感觉企业的这种环境责任行为更	1	2	3	4	5	6	7
	间接—直接						
我感觉企业的这种环境责任行为与生产经营的关联性更	1	2	3	4	5	6	7

您的性别：□男 □女

填答完毕，再次谢谢您的配合！

问卷 D（被动—间接组）

尊敬的先生/女士：

您好！非常感谢您抽出宝贵的时间填写此份问卷。此问卷为匿名填写，不涉及任何个人隐私，您的答案将是我们研究工作的基础，期待您认真填写，再次感谢您的配合！

——企业环境责任研究小组

请您先仔细阅读下面一段话，然后再回答后面的问题。

×企业是一家已经经营若干年的企业，其产品和服务有较好的口碑。最近，由于工作疏漏，对当地的环境造成了一定程度的污染，但企业及时地对受害者进行了赔偿，积极承担了企业的环境责任。

请您根据上面一段话的内容，回答如下问题。请根据您的想法在相应数字上打"√"。

项目	很不同意	不同意	稍不同意	说不好	稍同意	同意	很同意
上述材料描述的情景是真实的	1	2	3	4	5	6	7
上述材料使我能够身临其境没有任何问题	1	2	3	4	5	6	7
a1 我信任该企业的产品和服务质量	1	2	3	4	5	6	7
a2 该企业是一家有实力的企业	1	2	3	4	5	6	7
a3 该企业的产品和服务给我一种安全感	1	2	3	4	5	6	7
a4 该企业是一家有责任心的企业	1	2	3	4	5	6	7
a5 该企业对消费者的态度是真诚的	1	2	3	4	5	6	7
a6 我认为该企业能诚实地对待消费者	1	2	3	4	5	6	7
b1 我会在这家企业购买大部分相关产品和服务	1	2	3	4	5	6	7
b2 我认为这家企业是购买相关产品和服务的第一选择	1	2	3	4	5	6	7
b3 我更愿意尝试该企业推出的新产品和服务	1	2	3	4	5	6	7
	被动—主动						
我感觉企业的这种环境责任行为更	1	2	3	4	5	6	7
	间接—直接						
我感觉企业的这种环境责任行为与生产经营的关联性更	1	2	3	4	5	6	7

您的性别：□男 □女

填答完毕，再次谢谢您的配合！

问卷 E（主动—直接组）

尊敬的先生/女士：

您好！非常感谢您抽出宝贵的时间填写此份问卷。此问卷为匿名填写，不涉及任何个人隐私，您的答案将是我们研究工作的基础，期待您认真填写，再次感谢您的配合！

——企业环境责任研究小组

请您先仔细阅读下面一段话，然后再回答后面的问题。

×企业是一家经营若干年的企业，其产品和服务有较好的口碑。×企业坚决执行国家排放标准，今年全年累计排放二氧化硫 70382 吨，同比下降 4.8%；排放 COD 4246 吨，同比下降 13.8%，并在所有生产基地采用了污水处理管理系统及烟尘排放及脱硫设备。

请您根据上面一段话的内容，回答如下问题。请根据您的想法在相应数字上打"√"。

项目	很不同意	不同意	稍不同意	说不好	稍同意	同意	很同意
上述材料描述的情景是真实的	1	2	3	4	5	6	7
上述材料使我能够身临其境没有任何问题	1	2	3	4	5	6	7
a1 我信任该企业的产品和服务质量	1	2	3	4	5	6	7
a2 该企业是一家有实力的企业	1	2	3	4	5	6	7
a3 该企业的产品和服务给我一种安全感	1	2	3	4	5	6	7
a4 该企业是一家有责任心的企业	1	2	3	4	5	6	7
a5 该企业对消费者的态度是真诚的	1	2	3	4	5	6	7
a6 我认为该企业能诚实地对待消费者	1	2	3	4	5	6	7
b1 我会在这家企业购买大部分相关产品和服务	1	2	3	4	5	6	7
b2 我认为这家企业是购买相关产品和服务的第一选择	1	2	3	4	5	6	7
b3 我更愿意尝试该企业推出的新产品和服务	1	2	3	4	5	6	7
	被动—主动						
我感觉企业的这种环境责任行为更	1	2	3	4	5	6	7
	间接—直接						
我感觉企业的这种环境责任行为与生产经营的关联性更	1	2	3	4	5	6	7

您的性别：□男 □女

填答完毕，再次谢谢您的配合！

附录5：第六章问卷

问卷 A（无环境责任行为组）

尊敬的先生/女士：

您好！非常感谢您抽出宝贵的时间填写此份问卷。此问卷为匿名填写，不涉及任何个人隐私，您的答案将是我们研究工作的基础，期待您认真填写，再次感谢您的配合！

——企业环境责任研究小组

请根据您的真实想法在相应数字上打"√"。

项目	很不严重	不严重	较不严重	说不好	较严重	严重	很严重
a1 您认为现在环境问题的严重程度怎样（如水和大气污染）？	1	2	3	4	5	6	7
a2 您认为现在的环境问题威胁到您的生存和健康了吗？	1	2	3	4	5	6	7
项目	很不同意	不同意	较不同意	说不好	较同意	同意	很同意
a3 环境任意遭到破坏，如此下去后果不堪设想	1	2	3	4	5	6	7
b1 我知道温室（全球变暖）效应的成因及后果	1	2	3	4	5	6	7
b2 我知道臭氧层破坏的成因及后果	1	2	3	4	5	6	7
b3 我知道酸雨的成因及后果	1	2	3	4	5	6	7

项目	很不同意	不同意	较不同意	说不好	较同意	同意	很同意
b4 我知道垃圾分类、回收处理的方法	1	2	3	4	5	6	7
b5 我知道绿色食品的含义及认证标志	1	2	3	4	5	6	7
b6 我知道绿色饭店的含义及认证标志	1	2	3	4	5	6	7
b7 我知道能效标识的含义及认证标志	1	2	3	4	5	6	7
b8 我知道环境标志的含义及认证标志	1	2	3	4	5	6	7
b9 我知道无公害、绿色和有机食品的区别	1	2	3	4	5	6	7
c1 个体为环境所做的任何事情都是没有价值的	1	2	3	4	5	6	7
c2 我买任何产品都会尽量考虑它对环境的影响	1	2	3	4	5	6	7
c3 任何一个人都不可能对污染或自然资源产生影响	1	2	3	4	5	6	7
c4 总的来说，消费者行为不可能对环境产生积极影响	1	2	3	4	5	6	7
d1 身边大多数人会购买和使用环保产品	1	2	3	4	5	6	7
d2 如果身边的人在购买和使用环保产品，我应该和他们一样	1	2	3	4	5	6	7
d3 我认为自己有义务购买和使用环保产品	1	2	3	4	5	6	7
d4 如果身边大多数人希望我购买和使用环保产品，那么我会购买	1	2	3	4	5	6	7

请您先仔细阅读下面一段话，然后再回答后面的问题。

×企业是一家经营若干年的饮用水企业，该公司饮用水为中国饮用水市场的领先品牌，在华南地区市场占有率连续多年稳居首位，也是国家质监和卫生饮用纯净水国家标准的主要发起和起草单位之一。该公司始终以优于"国标"的生产标准为消费者提供健康满意的优质产品，并通过良好的服务，赢得消费者的认同。

请您根据上面一段话的内容，回答如下问题。请根据您的想法在相应数字上打"√"。

项目	很不同意	不同意	稍不同意	说不好	稍同意	同意	很同意
e1 我信任该企业的产品和服务质量	1	2	3	4	5	6	7
e2 该企业是一家有实力的企业	1	2	3	4	5	6	7
e3 该企业的产品和服务给我一种安全感	1	2	3	4	5	6	7
e4 该企业是一家有责任心的企业	1	2	3	4	5	6	7
e5 该企业对消费者的态度是真诚的	1	2	3	4	5	6	7
e6 我认为该企业能诚实地对待消费者	1	2	3	4	5	6	7
f1 我会在这家企业购买大部分相关产品和服务	1	2	3	4	5	6	7
f2 我认为这家企业是购买相关产品和服务的第一选择	1	2	3	4	5	6	7
f3 我更愿意尝试该企业推出的新产品和服务	1	2	3	4	5	6	7

您的性别：□男 □女

您的年龄：□20 岁以下 □20～30 岁 □31～40 岁 □41～50 岁 □51 岁以上

您的受教育程度：□高中及以下 □大学 □研究生及以上

您的月收入：□3000 元以下 □3000～5000 元 □5000～10000 元 □10000 元以上

填答完毕，再次谢谢您的配合！

问卷 B（有环境责任行为组）

尊敬的先生/女士：

您好！非常感谢您抽出宝贵的时间填写此份问卷。此问卷为匿名填写，不涉及任何个人隐私，您的答案将是我们研究工作的基础，期待您认真填写，再次感谢您的配合！

——企业环境责任研究小组

请根据您的真实想法在相应数字上打"√"。

项目	很不严重	不严重	较不严重	说不好	较严重	严重	很严重
a1 您认为现在环境问题的严重程度怎样（如水和大气污染）？	1	2	3	4	5	6	7
a2 您认为现在的环境问题威胁到您的生存和健康了吗？	1	2	3	4	5	6	7
项目	很不同意	不同意	较不同意	说不好	较同意	同意	很同意
a3 环境任意遭到破坏，如此下去后果不堪设想	1	2	3	4	5	6	7
b1 我知道温室（全球变暖）效应的成因及后果	1	2	3	4	5	6	7
b2 我知道臭氧层破坏的成因及后果	1	2	3	4	5	6	7
b3 我知道酸雨的成因及后果	1	2	3	4	5	6	7
b4 我知道垃圾分类、回收处理的方法	1	2	3	4	5	6	7
b5 我知道绿色食品的含义及认证标志	1	2	3	4	5	6	7
b6 我知道绿色饭店的含义及认证标志	1	2	3	4	5	6	7
b7 我知道能效标识的含义及认证标志	1	2	3	4	5	6	7
b8 我知道环境标志的含义及认证标志	1	2	3	4	5	6	7
b9 我知道无公害、绿色和有机食品的区别	1	2	3	4	5	6	7
c1 个体为环境所做的任何事情都是没有价值的	1	2	3	4	5	6	7

项目	很不同意	不同意	较不同意	说不好	较同意	同意	很同意
c2 我买任何产品都会尽量考虑它对环境的影响	1	2	3	4	5	6	7
c3 任何一个人都不可能对污染或自然资源产生影响	1	2	3	4	5	6	7
c4 总的来说，消费者行为不可能对环境产生积极影响	1	2	3	4	5	6	7
d1 身边大多数人会购买和使用环保产品	1	2	3	4	5	6	7
d2 如果身边的人在购买和使用环保产品，我应该和他们一样	1	2	3	4	5	6	7
d3 我认为自己有义务购买和使用环保产品	1	2	3	4	5	6	7
d4 如果身边大多数人希望我购买和使用环保产品，那么我会购买	1	2	3	4	5	6	7

请您先仔细阅读下面一段话，然后再回答后面的问题。

×企业是一家经营若干年的饮用水企业，该公司饮用水为中国饮用水市场的领先品牌，在华南地区市场占有率连续多年稳居首位，也是国家质监和卫生饮用纯净水国家标准的主要发起和起草单位之一。该公司始终以优于"国标"的生产标准为消费者提供健康满意的优质产品，并通过良好的服务，赢得消费者的认同。

从 2006 年起，×企业捐赠近 800 万元，开展华南湿地保护与合理利用项目，通过教育、培训、调研等方式加强福建漳江口国家级红树林自然保护区和广东海丰省级湿地自然保护区的管理与环保水平。项目开展以来，新建造的位于漳江口高潮位栖息地的水鸟数量较之前增加了 12 倍。在教育方面，项目成功在漳江口的 11 所学校及海丰的 6 所学校开展了可持续发展教育活动，至少吸引了 6500 名师生参与。

此外，×企业将节能减排指标列入评价考核体系，加强监管，降低能耗，提高资源综合利用水平。近年来投资 1000 万元建设、改造臭氧机循环冷却水回收利用项目、LED 灯具替代高压汞灯照明改造项目、洗盖水回收利用项目、大功率水泵变频改造等项目，2013 年，产品主要能耗同比下降 6%。

请您根据上面一段话的内容，回答如下问题。请根据您的想法在相应数字上打"√"。

项目	很不同意	不同意	稍不同意	说不好	稍同意	同意	很同意
e1 我信任该企业的产品和服务质量	1	2	3	4	5	6	7
e2 该企业是一家有实力的企业	1	2	3	4	5	6	7
e3 该企业的产品和服务给我一种安全感	1	2	3	4	5	6	7
e4 该企业是一家有责任心的企业	1	2	3	4	5	6	7
e5 该企业对消费者的态度是真诚的	1	2	3	4	5	6	7
e6 我认为该企业能诚实地对待消费者	1	2	3	4	5	6	7
f1 我会在这家企业购买大部分相关产品和服务	1	2	3	4	5	6	7
f2 我认为这家企业是购买相关产品和服务的第一选择	1	2	3	4	5	6	7
f3 我更愿意尝试该企业推出的新产品和服务	1	2	3	4	5	6	7

您的性别：□男 □女

您的年龄：□20 岁以下 □20～30 岁 □31～40 岁 □41～50 岁 □51 岁以上

您的受教育程度：□高中及以下 □大学 □研究生及以上

您的月收入：□3000 元以下 □3000～5000 元 □5000～10000 元 □10000 元以上

填答完毕，再次谢谢您的配合！

参考文献

［1］ Ajzen I. , Fishbein M. . Understanding Attitudes and Predicting Behavior ［M］. Englewood Cliffs, NJ: Prentice – Hall, 1980.

［2］ Ajzen I. . From Intentions to Actions: A Theory of Planned Behavior ［M］. Heidelberg: Springer, 1985.

［3］ Ajzen I. . The Theory of Planned Behavior ［J］. Organizational Behavior and Human Decision Processes, 1991 （50）: 179 – 211.

［4］ Andrea J. S. , May O. L. , Patrick E. M. . Consumer Perceptions of the Antecedents and Consequences of Corporate Social Responsibility ［J］. Journal of Business Ethics, 2011 （102）: 47 – 55.

［5］ Anderson T. Jr. , Cunningham W. H. . The Socially Conscious Consumer ［J］. Journal of Marketing, 1972, 6 （36）: 23 – 31.

［6］ Ann P. Minton, Randall L. Rose. The Effects of Environmental Concern on Environmentally Friendly Consumer Behavior: An Exploratory Study ［J］. Journal of Business Research, 1997 （40）: 37 – 48.

［7］ Arab. Forum for Environment & Development ［J］. Workshop on Corporate Environmental Responsibility, 2007 （6）: 267 – 288.

［8］ Aron A. , Aron E. N. , Smollan D. . Inclusion of Other in the Self Scale and the Structure of Interpersonal Closeness ［J］. Journal of Personal and Social

Psychology, 1992 (63): 596 - 612.

[9] Austin C. , Singh J. . Curvilinear Effects of Consumer Loyalty Determinants in Relation Exchanges [J]. Journal of Marketing Research, 2005, 42 (1): 96 - 108.

[10] Baldassare M. , Katz C. . The Personal Threat of Environmental Problems as Predictor of Environmental Practices [J]. Environment and Behaviour, 1992 (24): 602 - 616.

[11] Balderjahn Ingo. Personality Variables and Environmental Attitudes as Predictors of Ecologically Responsible Consumption Patterns [J]. Journal of Business Research, 1988, 17 (8): 51 - 56.

[12] Banerjee S. B. , Iyer E. S. , Kashyap R. K. . Corporate Environmentalism: Antecedents and Influence of Industry Type [J]. Journal of Marketing , 2003, 67 (3): 106 - 122.

[13] Baron R. M. , Kenny D. A. . The Moderator - mediator Variable Distinction in Social Psychological Research: Conceptual, Strategic, and Statistical Considerations [J]. Journal of Personality and Social Psychology, 1986 (51): 1173 - 1182.

[14] Becker - Olsen K. L. , Cudmoreb B. A. , Hill R. P. . The Impact of Perceived Corporate Social Responsibility on Consumer Behavior [J]. Journal of Business Research, 2006, 59 (1): 46 - 53.

[15] Corporate Social Responsibility on Consumer Behavior [J]. Journal of Business Research, 2006, 59 (1): 46 - 53.

[16] Bergami M. , Bagozzi R. P. . Self - Categorization, Affective Commitment and Group Self - Esteem as Distinct Aspects of Social Identity in the Organization [J]. British Journal of Social Psychology, 2000, 39 (4): 555 - 577.

[17] Berger I. E. , Corbin R. M. . Perceived Consumer Effectiveness and Faith in Others as Moderators of Environmentally Responsible Behaviors [J]. Journal of Public Policy & Marketing, 1992, 2 (11): 79 – 89.

[18] Berrone P. , Gelabert L. , Fosfuri A. . The Impact of Symbolic and Substantive Actions on Environmental Legitimacy [W]. IESE Business School Working Paper, 2009 (778).

[19] Bhattacharya R. , Devinney T. M. , Pillutla M. M. . A Formal Model of Trust Based on Outcomes [J]. The Academy of Management Review , 1998, 3 (23): 459 – 472.

[20] Bjrner Thomas B. , Hansen L. G. , Russell C. S. . Environmental Labeling and Consumers Choice: An Empirical Analysis of the Effect of the Nordic Swan [J]. Journal of Environment Economics and Management, 2004, 47 (3): 411 – 434.

[21] Blackwell R. D. , Miniard P. W. , Engel J. F. . Consumer Behaviour (9th ed.) [M]. New York: Harcourt College Publishers, 2001.

[22] Bollen K. A. . Structural Equations With Latent Variables [M]. New York: Wiley, 1989.

[23] Brown T. , Dacin Peter A. . The Company and the Product : Corporate Associations and Consumer Product Responses [J]. Journal of Marketing , 1997 (61): 68 – 84.

[24] Bucklin R. E. , Gupta S. , Siddarth S. . Determining Segmentation in Sales Response across Consumer Purchase Behaviors [J]. Journal of Marketing Research, 1998, 5 (35): 189 – 197.

[25] Cacioppo J. T. , Hippel W. V. , Ernst J. M. . Mapping Cognitive Structures and Processes through Verbal Content: The Thought – listing Technique

[J]. Journal of Consulting and Clinical Psychology, 1997, 65 (6): 928 – 940.

[26] Cacioppo J. T., Petty R. E.. Social Psychological Procedures for Cognitive Response Assessment: The Thought – listing Technique. In Merluzzi T. V., Glass C. R., Genest M. (Eds.) [M]. Cognitive assessment, New York: Guilford Press, 1981: 309 – 342.

[27] Chan R. Y. K.. Determinants of Chinese Consumers' Green Purchase Behavior [J]. Psychology & Marketing, 2001, 18 (4) : 389 – 413.

[28] CERES [EB/OL]. http://www. ceres. org/company – network/how – we – work – with – companies/corporate – governance.

[29] Coleman J. S.. Foundations of Social Theory [M]. Cambridge MA: The Belknap Press, 1990.

[30] Dabholkar P. A., Bagozzi R. P.. An Attitudinal Model of Technology – based Self – service: Moderating Effects of Consumer Traits and Situational Factors [J]. Journal of the Academy of Marketing Science, 2002, 30 (3): 184 – 201.

[31] Dale W. Russell, Cristel Antonia Russell. Here or There? Consumer Reactions to Corporate Social Responsibility Initiatives: Egocentric Tendencies and Their Moderators [J]. Marketing Letters, 2010, 3 (21): 65.

[32] De Cremer D., Stouten J.. When Do People Find Cooperation Most Justified? The Effect of Trust and Self – other Merging in Social Dilemmas [J]. Social Justice Research, 2003, 16 (1): 41 – 52.

[33] Deepak Sri Devi. Modeling Consumers' Response Sensitivities Across Categories [D]. New York: Columbia University, 2001.

[34] Devinney Timothy M., Auger Patrice, Eckhardt Giana, Birtchnell Thomas. The Other CSR [J]. Stanford Social Innovation Review, 2006 (3): 30 – 37.

[35] Drobny N. L.. Strategic Environmental Management – Competitive So-

lutions for the Twenty – first Century [J]. Cost Engineering, 1994, 36 (8): 19 – 23.

[36] Drumwright Minette E.. Socially Responsible Organizational Buying: Environmental Concern as a Noneconomic Buying Criterion [J]. The Journal of Marketing, 1994, 7 (58): 1 – 19.

[37] Durning Alan. How Much is Enough? The Consumer Society and the Future of the Earth [M]. New York : W. W. Norton & Company, Inc. , 1992.

[38] Elkington. Towards the Sustainable Corporation: Win – win – win Business Strategies for Sustainable Development [J]. California Management Review, 1994: 90 – 100.

[39] Ella Joseph. Corporate Social Responsibility: A Brand Explanation [J]. New Economy, 2002 (2): 96 – 101.

[40] Ellen P. S. , Wiener J. L. , Cobb – Walgren C.. The Role of Perceived Consumer Effectiveness in Motivating Environmentally Conscious Behaviors [J]. Journal of Public Policy & Marketing, 1991, 2 (10): 102 – 117.

[41] Ellen P. S. , Web D. J. & Mohr L. A.. Building Corporate Associations: Consumer Attributions for Corporate Social Responsibility Programs [J]. Journal of the Academy of Marketing Science, 2006, 34 (2): 147 – 157.

[42] Ericsson K. , Simon H. A.. Protocol Analysis: Verbal Reports as Data, Revised Edition [M]. Cambridge: MIT Press, 1993.

[43] Evans J. St. B. T.. In Two Minds: Dual – Processing Accounts of Reasoning. Trends in Cognitive Sciences, 2003, 7 (10) : 454 – 459.

[44] Feldman D. , Winer R. S.. Separating Signaling Equilibria Under Random Relations Between Costs and Attrihutes: Continuum of Attributes [J]. Mathematical Social Sciences, 2004 (48): 81 – 91.

[45] Fishbein M. , Ajzen I. . Belief, Attitude, Intentions, and Behavior: An Introduction to Theory and Research [M]. MA: Addision – Wesley, 1975.

[46] Forehand M. R. , Grier S. . When Is Honesty the Best Policy? The Effect of Stated Company Intent on Consumer Skepticism [J]. Journal of Consumer Psychology, 2003, 13 (3): 281 –290.

[47] Frazier G. L. , Speckman R. , O'Neal C. R. . Just – In – Time Exchange Relationships in Industrial Markets [J]. Journal of Marketing, 1988, 52 (10): 52 – 67.

[48] Freeman R. E. , Harrison J. S. , Wicks A. C. , Parmar B. L. , Colle S. . Stakeholder Theory: The State of the Art [M]. Cambridge, Cambridge University Press, 1984.

[49] Frick J. , Kaiser F. G. , Wilson M. . Environmental Knowledge and Conservation Behavior: Exploring Prevalence and Structure in a Representative Sample [J]. Personality and Individual Differences, 2004 (37): 1597 – 1613.

[50] Garling T. . Moderating Effects of Social Value Orientation on Determinants of Proenvironmental Behavior Intention [J]. Journal of Environmental Psychology, 2003 (23): 1 –9.

[51] Gilbert D. T. , Malone P. . The Correspondence Bias [J]. Psychological Bulletin, 1995, 117 (1): 21 –38.

[52] Giffin K. . The Contribution of Studies of Source Credibility to a Theory of Interpersonal Trust in the Communication Department [J]. Psychological Bulletin, 1967 (68): 104 –120.

[53] Goldstein N. J. , Cialdini R. B. , Griskevicius V. . A Room With a Viewpoint: Using Social Norms to Motivate Environmental Conservation in Hotels [J]. Consumer Reseach, 2008 (35): 472 –82.

［54］Goodwin R. , Wilson M. , Gaines Jr. S. . Terror Threat Perception and its Consequences in Contemporary ［J］. British Journal of Psychology, 2005 (96) : 389 – 406.

［55］Graff Zivin. A Modigliani – Miller Theory of Altruistic Corporate Social Responsibility ［C］. Topics in Economic Analysis and Policy 5 (1) Article 10, 2005: 98 – 102.

［56］Green L. , Robinson S. N. . Rethinking Corporate Environmental Management ［J］. The Columbia Journal of World Business, 1992, 27 (3 – 4): 222 – 232.

［57］Guagnano G. A. , Stern P. C. , Dietz T. . Influences of Attitude – behavior Relationships: A Natural Experiment with Curbside Recycling ［J］. Environment and Behavior, 1995, 27 (5): 699 – 718.

［58］Guido B. , Cees B. M. van Riel, Johan van Rekom. The CSR – Quality Trade – Off: When can Corporate Social Responsibility and Corporate Ability Compensate Each Other? ［J］. Journal of Business Ethics, 2007 (74): 233 – 252.

［59］Guo Guoqing. How Green Products are Accepted by Different Consumer Group in China ［J］. USA – China Business Review, 2001 (12): 65 – 69.

［60］Gupta S. , Ogden D. T. . To Buy or not to Buy? A Social Dilemma Perspective on Green Buying ［J］. Journal of Consumer Marketing, 2009, 26 (6): 376 – 391.

［61］Hastie R. . Problems for Judgment and Decision Making ［J］. Annual Review of Psychology, 2001 (52): 653 – 683.

［62］Henion K. E. . The Effect of Ecological Relevant Information on Detergent Sales ［J］. Journal of Research, 1972 (9): 10 – 14.

［63］Heide J. B. , John G. . Do Norms Matter in Marketing Relationships?

[J]. Journal of Marketing, 1992 (56): 32 - 44.

[64] Henriques I., Sadorsky P.. The Determinants of an Environmentally Responsive Firm: An Empirical Approach [J]. Journal of Environmental Economics and Management, 1996 (30): 381 - 395.

[65] Henriques I., Sadorsky P.. The Relationship Between Environmental Commitment and Managerial Perceptions of Stakeholder Importance [J]. Academy of Management Journal, 1999 (1): 87 - 99.

[66] Higgins E. T.. Knowledge Activation: Accessibility, Applicability and Salience [A]. Social Psychology: Handbook of Basic Principles [C]. New York: Guilford Press, 1996: 133 - 168.

[67] Hines J. M., Hungerford H. R., Tomera A. N.. Analysis and Synthesis of Research on Responsible Environmental Behavior: A Meta - analysis [J]. The Journal of Environmental Education, 1986, 18 (2): 1 - 8.

[68] Holmes J. G.. Trust and the Appraisal Process in Close Relationships [C]. In: Jones W. H., Perlman D. (Eds.), Advances in Personal Relationships. Jessica Kingsley, London, 1991 (2): 57 - 104.

[69] Hosmer L. T.. Turst : The Connection Link between Organizational Theory and Philosophical Ethics [J]. Academy of Management Review , 1995, 20 (2) : 379 - 403.

[70] http: //green. sina. com. cn/2010 - 10 - 12/144521259694. shtml.

[71] Ki - Hoon Lee, Dongyoung Shin. Consumers' Responses to CSR Activities: The Linkage Between Increased Awareness and Purchase Intention [J]. Public Relations Review, 2010 (36): 193 - 195.

[72] Kitchen J. P., Spickett Jones G.. Information Processing: A Critical Literature Review and Future Research Directions [J]. International Journal of

Market Research, 2003 (45): 73.

[73] Kotler Philip, Roberto Eduardo. Social Marketing: Strategies for Changing Public Behavior [M]. New York: The Free Press, 1989.

[74] Kotler Philip, Nancy Lee. Corporate Social Responsibility: Doing the Most Good for Your Company and Your Cause [M]. NewYork: John Wiley & Sons, 2004.

[75] Lafferty Barbara, Goldsmith R. E.. Corporate Credibility s' Role in Consumers' Attitudes and Purchase Intentions: When a High Versus a Low Credibility Endorser is Used in the Ad [J]. Journal of Business Research, 1999, 44 (2): 109 – 116.

[76] Lagace R. R., Marshall G.. Buyers'Trust of Sales – people: Does It Go Beyond the Dyad [C]. National Conference in Sales Management, 1994 (11): 44 – 48.

[77] Laroche M., Bergeron J., Barbaro – Forleo G.. Targeting Consumers Who are Willing to Pay More for Environmentally Friendly Products [J]. Journal of Consumer Marketing, 2001, 6 (18): 503 – 520.

[78] Loureiro M. L., Lotade J.. Do Fair Trade and Eco – labels in Coffee Wake up the Consumer Conscience? [J]. Ecological Economics, 2005, 53 (4): 129 – 138.

[79] Lund. Thomsen. Towards a Critical Framework on Corporate Social and Environmental Responsibility in the South: The Case of Pakistan [J]. Development. 2004 (3): 106 – 113.

[80] MacDonald W. L., Hara N.. Gender Differences in Environmental Concern among College Students [J]. Sex Roles, 1994, 11 (31): 369 – 374.

[81] Mainieri T., Barnett E. G., Valdero T. R., Unipan J. B., Oskamp S..

Green Buying: The Influence of Environmental Concern on Consumer Behavior [J]. The Journal of Social Psychology, 1997 (2): 189 – 204.

[82] Maloney M. P. , Ward M. P. , Braucht G. N. . Psychology in Action: A Revised Scale for the Measurement of Ecological Attitudes and Knowledge [J]. American Psychologist, 1975 (30): 787 – 790.

[83] Maloney M. P. , Ward M. P. . Ecology: Let's Hear From the People An Objective Scale for The Measurement of Ecological Attitudes and Knowledge [J]. American Psychologist, 1973 (28): 583 – 586.

[84] Manaktola K. , Jauhari V. . Exploring Consumer Attitude and Behaviour Towards Green Practices in the Lodging Industry in India [J]. International Journal of Contemporary Hospitality Management, 2007, 19 (5): 364 – 377.

[85] Marcinkowski T. . An Analysis of Correlates and Predictors of Responsible Environmental Behavior [D]. Southern Illinois University at Carbondale, 1989.

[86] Marguerat D. , Cestre G. . Determing Ecology related Purchase and Post Purchase Behaviors Using Structural Equations [W]. IUMI, Working Paper, 2004.

[87] Maxwell J. A. . Qualitative Research Design: An Interactive Approach (Third Edition) [M]. CA: SAGE Publications, 2012.

[88] Mazurkiewicz P. . Corporate Environmental Responsibility: Is a Common CSR Framework Possible? World Bank Working Paper, Retrieved from http: //siteresources. worldbank. org/ EXTDEVCOMSUSDEVT/ Resources/ csrframework, pdf, 2004.

[89] McCarty J. A. , Shrum L. J. . The Recycling of Solid Wastes: Personal Values, Value Orientations, and Attitudes about Recycling as Antecedents of Recycling Behavior [J]. Journal of Business Research, 1994 (30): 53 – 62.

[90] McDonald S. , Oates C. J. . Sustainability: Consumer Perceptions and

Marketing Strategies [J]. Business Strategy and the Environment, 2006, 15 (3): 157 – 170.

[91] McEvoy J.. The American Concern with the Environment [M]. In Butch Jr W. R., Cheek Jr. N. H., Taylor L. (Eds.) Social behavior, Natural Resources, and the Environment. New York: Harper & Row, 1972.

[92] Meinhold J. L., Malkus A. J.. Adolescent Environmental Behaviors: Can Knowledge, Attitudes, and Self – Efficacy Make a Difference? [J]. Environment and Behavior, 2005, 37 (7): 511 – 532.

[93] Milfont T. L.. Psychology of Environmental Attitudes: A Cross – cultural Study of their Content and Structure [D]. Unpublished Doctoral Dissertation, University of Auckland, Auckland, New Zealand, 2007.

[94] Miller G. A.. The Magical Number Seven, Plus or Minus Two: Some Limits on Our Capacity for Processing Information [J]. Psychological Review, 1956, 63 (2): 81 – 97.

[95] Miller W. L., Crabtree B. F.. Primary Care Research: A Multimethod Typology and Qualitative Road Map. In: W. L. Crabtree & B. F. Miller (Eds.), Doing Qualitative Research [M]. Newbury Park CA: Sage, 1992: 3 – 28.

[96] Mohr L. A., Webb D. J.. The Effects of Corporate Social Responsibility and Price on Consumer Responses [J]. Journal of Consumer Affairs, 2005, 39 (1): 23 – 36.

[97] Morgan R. M., Hunt S. D.. The Commitment trust Theory of Relationship Marketing [J]. Journal of Marketing, 1994, 38 (5): 20 – 38.

[98] Mostafa M. M.. Antecedents of Egyptian Consumers' Green Purchase Intentions: A Hierarchical Multivariate Regression Model [J]. Journal of International Consumer Marketing, 2006, 19 (2): 7 – 126.

[99] Narendra S.. Exploring Socially Responsible Behaviour of Indian Consumers: An Empirical Investigation [J]. Social Responsibility Journal, 2009, 5 (2): 200 - 211.

[100] Newell S. J., Green C. L. Racial Differences in Consumer Environmental Concern [J]. Journal of Consumer Affairs, 1997, 1 (31): 53 - 69.

[101] Noah J. Goldstein, Robert B. Cialdini, Vladas Griskevicius. A Room with a Viewpoint: Using Social Norms to Motivate Environmental Conservation in Hotels [J]. Journal of Consumer Research, . 2008, 3 (35).

[102] Normen D.. Toward a Theory of Memory and Attention [J]. Psychological Review, 1968 (75): 522 - 526.

[103] Ottman J. A.. Green Marketing: Challenges and Opportunites [M]. NTC: Lincolnwood, 1993.

[104] Ou Wei - Ming. Moderating Effects of Age, Gender, Income and Education on Consumer's Response to Corporate Reputation [J]. Journal of American Academy of Business, 2007, 2 (3): 190 - 194.

[105] Pahl S., Harris P. R., Todd H. A., Rutter D. R.. Comparative Optimism for Environmental Risks [J]. Journal of Environmental Psychology, 2005 (25): 1 - 11.

[106] Peattie K.. Golden Goose or Wild Goose? The Hunt for the Green Consumer [J]. Business Strategy and the Environment, 2001 (10): 187 - 199.

[107] Pickett G. M., Kangun N., Grove S. J.. An Examination of the Conserving Consumer: Implcations for Public Policy Formation in Promoting Conservation Behavior, In Polonsky [M]. The Haworth Press, New York, 1995.

[108] Pickett G. M., Kangun N., Grove S. J.. Is There a General Conserving Consumer? A public Policy Concern [J]. Journal of Public Policy and Market-

ing, 1993 (12): 234 – 243.

[109] Pollution Probe. Defining Corporate Environmental Responsibility – Canadian ENGO Perspectives, 2005: 38 – 42.

[110] Rafael C. P. , Enrique B. A. , Alejandro A. H. . The Role of Self—Definitional Principles in Consumer Identification with a Socially Responsible Company [J]. Journal of Business Ethics, 2009 (89): 547 – 564.

[111] Reichheld F. F. . Loyalty and the Renaissance of Marketing [J]. Marketing Management, 1994, 2 (4): 10 – 21.

[112] Roberts J. A. , Bacon D. R. . Exploring the Subtle Relationships between Environmental Concern and Ecologically Conscious Consumer Behavior [J]. Journal of Business Research, 1997, 1 (40): 79 – 89.

[113] Roberts J. A. . Green Consumers in the 1990's: Profile and Implications for Advertising [J]. Journal of Business Research, 1996, 36 (2): 217 – 231.

[114] Roberts J. A. , Bacon D. R. . Exploring the Subtle Relationships between Environmental Concern and Ecologically Conscious Consumer Behaviour [J]. Journal of Business Research, 1997, 40 (1): 79 – 89.

[115] Rogers R. W. . A Protection Motivation Theory of Fear Appeals and Attitude Change [J]. The Journal of Psychology, 1975 (91): 93 – 114.

[116] Roper Organization. The Environment: Public Attitudes and Individual Behavior [J]. A Report Commissioned by SC Johnson & Son Inc, 1990.

[117] Sandahl D. M. , Robertson R. . Social Determinants of Environmental Concern: Specification and Test of the Model [J]. Environment and Behavior, 1989, 21 (1): 57 – 81.

[118] Sandhu S. , Ozanne L. K. , Smallman C. , Cullen R. . Consumer Driven Corporate Environmentalism: Fact or Fiction? [J]. Business Strategy and

the Environment, 2010 (19): 356 - 366.

[119] Sarkis J. Evaluating Environmentally Conscious Business Practices [J]. European Journal of Operational Research, 1998, 107 (1): 159 - 174.

[120] Satoshi Fujii. Environmental Concern, Attitude toward Frugality, and Ease of Behavior as Determinants of Pro - environmental Behavior Intentions [J]. Journal of Environmental Psychology, 2006 (26): 262 - 268.

[121] Schahn J., Holzer E.. Studies of Individual Environmental Concern: The Role of Knowledge, Gender, and Background Variables [J]. Environment and Behavior, 1990, 22 (6): 767 - 786.

[122] Schurr P. H., Ozanne J. L.. Influences on Exchange Processes: Buyers' Preconceptions of a Seller's Trustworthiness and Bargaining Toughness [J]. Journal of Consumer Research, 1985, 11 (3): 939 - 953.

[123] Schwepker C. H., Cornwell T. B.. An Examination of Ecologically Concerned Consumers and Their Intention to Purchase Ecologically Packaged Products [J]. Journal of Public Policy and Social Psychology, 1991 (10): 77 - 101.

[124] Schwepker Jr. C. H., Cornwell T. B.. An Examination of Ecologically Concerned Consumers and Their Intention to Purchase [J]. Ecologically Packaged Products, 1991, 10 (2): 77 - 101.

[125] Sen S., Bhattacharya C. B, Korschun D. The Role of Corporate Social Responsibility in Strengthening Multiple Stakeholder Relationships: A Field Experiment [J]. Journal of the Academy of Marketing Science, 2006, 34 (2): 158 - 166.

[126] Sen S., Bhattacharya C. B.. Does Doing Good Always Lead to Doing Better? Consumer Reactions to Corporate Social Responsibility [J]. Journal of Marketing Research, 2001 (5): 223 - 243.

[127] Sergio W. Carvalho, Sankar Sen, Márcio de Oliveira Mota, Renata

Carneiro de Lima. Consumer Reactions to CSR: A Brazilian Perspective [J]. Journal of Business Ethics, 2010, 91 (2): 291 – 310.

[128] Smith Geoffrey, Ron Stodghill. Are Good Causes Good Marketing? [J]. Business Week, 1993, 21 (3): 64 – 66.

[129] Smith K. H., Stutts M. A.. Effects of Short – term Cosmetic versus Long Term Health Fear Appeals in Anti – smoking Advertisements on the Smoking Behaviour of Adolescents [J]. Journal of Consumer Behaviour, 2003, 3 (2): 157 – 165.

[130] Smith N. C.. Corporate Social Responsibility: Whether or How [J]. California Management Review, 2003 (454): 52 – 76.

[131] Stavros P. Kalafatis, Michael Pollard. Green Marketing and Ajzen's Theory of Planned Behavior: Across Market Examination [J]. The Journal of Consumer Marketing, 1999 (16): 441 – 460.

[132] Stern P. C.. Toward a Coherent Theory of Environmentally Significant Behavior [J]. Journal of Social Issues , 2000, 56 (3): 407 – 424.

[133] Straughan R. D., Roberts J. A.. Environmental Segmentation Alternatives: A Look at Green Consumer Behavior in the New Millennium [J]. Journal of Consumer Marketing, 1999, 16 (6): 558 – 575.

[134] Sun Ximing, Collins Ray. Chinese Consumer Response to Imported Fruit: Intended uses and Their Effect on Perceived Quality [J]. International Journal of Consumer Studies, 2006, 2 (3): 179 – 188.

[135] Tajfel H., Turner J. C.. The Social Identity Theory of Intergroup Behavior In: S. Worchel et al. (Eds.), Psychology of Intergroup Relations [M]. Chicago: Nelson – Hall, 1986.

[136] Taylor S. E.. A Categorization Approach to Stereotyping [M]. In:

Hamilton D. L.. Cognitive Processes in Stereotyping and Intergroup Relations. Hillsdale, NJ: Erlbaum, 1981: 418 – 429.

[137] Thomas D. R.. Qualitative Data Analysis: Using A General Inductive Approach Health Research Methods Advisory Service [M]. Department of Community Health University of Auckland: New Zealand, 2000.

[138] Valor Carmen. Consumers' Responses to Corporate Philanthropy are They Willing to Make the Trade – offs [J]. International Journal of Business and Society, 2005 (1): 1 – 26.

[139] Van Liere K. D., Dunlap R. E.. Environmental Concern: Does it Make a Difference How it's Measured? [J]. Environment and Behavior, 1981, 13 (11): 651 – 676.

[140] Walker K., Wan F.. The Harm of Symbolic Actions and Green – washing: Corporate Actions and Communications on Environmental Performance and Their Financial Implications [J]. Journal of Business Ethics, 2012, 109 (2): 227 – 242.

[141] Weiss A. M., Anderson E., Maeinnis D. J.. Reputation Management as a Motivation for Sales Structure Decision [J]. Journal of Marketing, 1999, 63 (10): 74 – 89.

[142] Witte K.. Putting the Fear Back into Fear Appeals: The Extended Parallel Process Model [J]. Comm Monographs, 1992 (59): 329 – 349.

[143] Wood W.. Retrieval of Attitude Relevant Information from Memory: Effects on Susceptibility to Persuasion and on Intrinsic Motivation [J]. Journal of Personality and Social Psychology, 1982 (42): 798 – 810.

[144] Zeithaml V. A., Berry L. L., Parasuraman A.. The Behavioral Consequences of Service Quality Journal of Marketing, 1996, 60 (2): 31 – 46.

［145］Zhu Q. H. , Sarkis J. . Relationships between Operational Practices and Performance Among Early Adopters of Green Supply Chain Management Practices in Chinese Manufacturing Enterprises ［J］. Journal of Operations Management, 2004 (3): 265 – 289.

［146］Zucker L. G. . Production of Trust Institutional Sources of Economic Structure: Research in Organizational Behavior ［M］. Greenwich: JAI Press, 1986.

［147］白平则. 论公司的环境责任 ［J］. 山西师大学报, 2004 (2): 23 – 26.

［148］陈宏辉, 贾生华. 企业社会责任观的演进与发展: 基于综合性社会契约的理解 ［J］. 中国工业经济, 2003 (12): 85 – 92.

［149］陈雯, Dietrich Soyez, 左文芳. 工业绿色化: 工业环境地理学研究动向 ［J］. 地理研究, 2003 (5): 601 – 608.

［150］陈向明. 质的研究方法与社会科学研究 ［M］. 北京: 教育科学出版社, 2000.

［151］陈晓萍, 徐淑英, 樊景立. 组织与管理研究的实证方法 ［M］. 北京: 北京大学出版社, 2008.

［152］邓新明, 田志龙, 刘国华等. 中国情景下企业伦理行为的消费者响应研究 ［J］. 中国软科学, 2011 (2): 132 – 153.

［153］弗兰克·G. 戈布尔. 第三思潮——马斯洛心理学 ［M］. 上海: 上海译文出版社, 2001.

［154］更太嘉, 彭毛卓玛. 浅议企业的环境责任 ［J］. 柴达木开发研究, 2008 (2): 52 – 55.

［155］贺爱忠, 李韬武, 盖延涛. 城市店民低碳利益关注和低碳责任意识对低碳消费的影响——基于多群组结构方程模型的东、中、西部差异分析 ［J］. 中国软科学, 2011 (8): 185 – 192.

[156] 贺立龙，朱方明，陈中伟．企业环境责任界定与测评：环境资源配置的视角 [J]．管理世界，2014（3）：180-181．

[157] 黄曼慧，李礼，谢康．信号理论研究综述 [J]．广东商学院学报，2006（5）：35-38．

[158] 黄沛，范小军．主观知识和客观知识对购买决策影响的实证研究 [J]．系统工程理论方法应用，2002，11（4）：265-269．

[159] 江佳蓉．消费者选择旅馆住宿之主成份分析 [D]．中华大学电机工程研究所硕士论文，2002．

[160] 金盛华．社会心理学（第2版）[M]．北京：高等教育出版社，2010．

[161] 吉登斯·安东尼．现代性与自我认同 [M]．赵旭东等译，上海：三联书店，1998．

[162] 鞠芳辉，谭福河．企业的绿色责任与绿色战略——理论、方法与实践 [M]．杭州：浙江大学出版社，2008．

[163] 鞠芳辉，谢子远，宝贡敏．企业社会责任的实现——基于消费者选择的分析 [J]．中国工业经济，2005（9）：91-98．

[164] 凯西·卡麦兹．构建扎根理论：质性研究实践指南 [M]．重庆：重庆大学出版社，2009．

[165] 黎建新，詹志方．消费者绿色购买研究述评与展望 [J]．消费经济，2007（3）：93-97．

[166] 黎建新．绿色购买的影响因素分析及启示 [J]．长沙理工大学学报（社会科学版），2006（4）：70-74．

[167] 黎建新．消费者绿色购买研究：理论、实证与营销意蕴 [M]．长沙：湖南大学出版社，2007．

[168] 李祝平．消费者对企业环境责任行为认知维度研究 [J]．长沙理

工大学学报（社会科学版），2013（3）：63－68.

［169］李祝平. 湖南城镇居民可持续消费评估分析［J］. 长沙理工大学学报（社会科学版），2012（3）：79－84.

［170］李祝平. 旅游饭店顾客绿色消费行为研究［J］. 旅游学刊，2009（8）：34－39.

［171］龙晓枫. 消费者规范理性研究［D］. 华中科技大学博士学位论文，2010.

［172］罗东霞，李春颖. 国内外绿色饭店标准及认证评级比较研究［J］. 旅游学刊，2013，28（8）：79－86.

［173］罗鑫. 追求目的与手段的平衡——一份关于企业伦理的民众调研报告［J］. 社会，2004（6）：30－33.

［174］马庆国. 管理统计［M］. 北京：科学出版社，2002.

［175］马瑞婧：这个城市消费者绿色消费行为的影响因素研究［D］. 中南财经政法大学博士学位论文，2006.

［176］马燕. 公司的环境保护责任［J］. 现代法学，2003（5）：114－117.

［177］乔治·恩德勒. 面向行动的经济伦理学［M］. 上海：上海社会科学院出版社，2002.

［178］舒华，张亚旭. 心理学研究方法——实验设计和数据分析［M］. 北京：人民教育出版社，2010.

［179］孙岩，武春友. 环境行为理论研究评述［J］. 科研管理，2007（3）：108－113.

［180］唐忠辉，匡友青. 企业如何在国际化经营中承担环境责任？［J］. 环境经济，2010（8）：23－30.

［181］田志龙，王瑞，樊建锋等. 消费者 CSR 反映的产品类别差异及群体特征研究［J］. 南开管理评论，2011，1（14）：107－118.

［182］万后芬．绿色营销（第二版）　［M］．北京：高等教育出版社，2006.

［183］王重鸣．心理学研究方法［M］．北京：人民教育出版社，1990.

［184］王凤．公众参与环保行为机理研究［M］．北京：中国环境科学出版社，2008.

［185］王红．企业的环境责任研究［M］．北京：经济管理出版社，2009.

［186］王建明．消费者资源节约与环境保护行为及其影响机理——理论模型、实证检验和管制政策［M］．北京：中国社会科学出版社，2010.

［187］王建明，贺爱忠．消费者低碳消费行为的心理归因和政策干预路径：一个基于扎根理论的探索性研究［J］．南开管理评论，2011（4）：80-89.

［188］王沛，林崇德．社会认知研究基本趋向［J］．心理科学，2003，26（3）：536-537.

［189］王瑞，田志龙，马玉涛．消费者规范理性的理论解析与重构［J］．现代商业，2010（2）：169-170.

［190］王甦，汪安圣．认知心理学［M］．北京：北京大学出版社，1992.

［191］王湘君．绿色旅馆：桑加赛比培训与会议中心，斯德哥尔摩，瑞典［J］．世界建筑，2007（7）：108-113.

［192］王远，陆根法，王勤耕等．污染控制信息手段——镇江市工业企业环境行为信息公开化［J］．中国环境科学，2000，20（6）：528-531.

［193］王云．试论我国企业环境责任的承担［J］．前沿，2009（5）.

［194］温忠麟，侯杰泰，马什赫伯特．结构方程模型检验：拟合指数与卡方准则［J］．心理学报，2004，2（36）：86-194.

［195］温忠麟，侯杰泰，张雷．调节效应与中介效应的比较和应用

［J］．心理学报，2005，37（2）：268 – 274.

［196］温忠麟，张雷，侯杰泰等．中介效应检验程序及其应用［J］．心理学报，2004，36（5）：614 – 620.

［197］温忠麟，张雷，侯杰泰．有中介的调节变量和有调节的中介变量［J］．心理学报，2006，38（3）：448 – 452.

［198］吴椒军．论公司的环境责任［M］．北京：中国社会科学出版社，2007.

［199］吴真．企业环境责任确立的正当性分析［J］．当代法学，2007（5）：168 – 170.

［200］武春友．绿色营销促成机制研究［M］．北京：经济管理出版社，2006.

［201］夏文静．企业社会责任和消费者响应的中介机制研究——基于社会责任消费行为的视角［D］．中山大学硕士论文，2010.

［202］辛杰．基于消费者响应的企业社会责任研究综述［J］．山东社会科学，2011（5）：163 – 166.

［203］徐雪峰．论社会主义市场经济条件下的企业环境行为［J］．上海环境科学，1997，16（8）：8 – 11.

［204］闫国东，康建成，谢小进，王国栋，张建平，朱文武．中国公众环境意识的变化趋势［J］．中国人口·资源与环境，2010，20（10）：55 – 60.

［205］杨智，董学兵．价值观对绿色消费行为的研究［J］．华东经济管理，2010（10）：131 – 133.

［206］叶碧华，蔡进发，黄宗成．消费者环保行为与旅馆住宿意愿之研究［J］．环境与管理研究，2003（12）：61 – 82.

［207］于丹，董大海，刘瑞明，原永丹．理性行为理论及其拓展研究的现状与展望［J］．心理科学进展，2008（5）：796 – 802.

[208] 于明霞，齐力．中国企业环境责任实践探讨 [J]．内蒙古科技与经济，2010（9）：10－12.

[209] 于启，武蔡红，蒋波．北京市实施"绿色旅游饭店"中的问题和建议 [J]．经济与管理研究，2006（9）：91－94.

[210] 于伟．消费者绿色消费行为形成机理分析——基于群体压力和环境认知的视角 [J]．消费经济，2009（4）：75－96.

[211] 张锋．浅谈我国企业环境责任的政策法律制度设计问题 [J]．山东经济战略研究，2008（12）：60－61.

[212] 张坤民．当代环境管理要义之一：环境管理的基本概念 [J]．环境保护，1999（5）：7－9.

[213] 张莉，Wan Fang，林与川，Qiu Pingping．实验研究中的调节变量和中介变量 [J]．管理科学，2011，24（1）：108－116.

[214] 张清，周延风，高冬英．社会营销 [M]．广州：中山大学出版社，2007.

[215] 张晓君．跨国公司的环境法律责任缘起 [J]．甘肃社会科学，2004（6）：173－179.

[216] 赵惊涛．循环经济视野下企业环境责任的正当性分析 [J]．社会科学战线，2009（5）：198－202.

[217] 钟茂初，闫文娟．企业行为因应生态环境责任的研究述评与理论归纳 [J]．经济体制改革，2011（3）：94－99.

[218] 周延风，罗文恩，肖文建．企业社会责任行为与消费者响应——消费者个人特征和价格信号的调节 [J]．中国工业经济，2007（3）：62－69.

致　谢

　　时间总是在不经意间流逝，写作期间边工作边学习，中间还出国访问一年，文章写写停停，经常在众多文献中和繁杂的琐事中迷失自我，有时也想过放弃，但最终还是在艰难的摇摆中把书稿撰写出来。在书稿即将画上句号的时候，内心充满感慨与感恩。

　　首先要感谢我的博士研究生导师龚艳萍老师，文章从开题到定稿，倾注了龚老师大量的心血，没有她的悉心指导和严格要求，文章不会顺利完成。龚老师严谨的治学态度和对学生春风化雨般的教导，引发我对研究的思考，并促使我重新审视自己该如何来培育学生，如何管理研究团队，在此谨向龚老师表示我最诚挚的敬意和感谢！

　　感谢我的同事黎建新教授、刘洪深博士、何昊博士给我的建议和支持，同时也要感谢我的朋友和学生在数据采集和整理方面给予的大力协助。

　　特别感谢的是我的父母、公婆、丈夫及女儿，他们对我无私的爱与照顾是我不断前进的动力。尤其是我公公，从我调研到最终成文期间，一直以一个父亲无言的爱在默默地用行动支持我，希望他老人家能在天上为书稿的最终出版感到欣慰。

李祝平

2015 年 12 月